愉悦家纺有限公司

愉悦家纺有限公司位于黄河入海口的山东滨州黄河三角洲高效生态经济区，是"中国棉纺之都、家纺基地"的骨干成员企业。经过十年发展，已成为拥有流行纺织品的研发设计－棉花购销与加工－纺纱－织布－印染整理－成品缝制－品牌销售及自营进出口贸易完整产业链的现代化家纺企业，每年为欧洲、美洲、非洲及亚洲数亿消费者提供绿色、环保居家用品。

愉悦家纺现为中国家纺行业协会副会长单位、中国印染行业协会副会长单位、中国棉纺织行业协会和麻纺织行业协会理事成员单位、低碳山东模范单位和中国家纺协会循环经济研发中心，位居"2013－2014"中国纺织服装竞争力500强第29位，中国家纺行业十强第4位。

公司通过SA8000社会责任认证及Oeko-TexStandard100生态纺织品认证；并通过了宜家、迪卡侬、沃尔玛、梅西等20多家跨国公司的社会责任审核和反恐认证，建立了长期战略合作伙伴关系。

自成立以来，愉悦家纺有限公司先后荣获全国五一劳动奖状、工信部重点跟踪培育的中国服装家纺自主品牌企业、国家科技进步二等奖等重要荣誉上百项。

公司秉承"以科技为人类创造舒适、环保、多彩的居家生活"理念，致力于"成为全球家纺行业的杰出供应商，以卓越的科技能力为全球客户提供高品质、人性化的居家用品，为提升人类的生活质量做出贡献。"

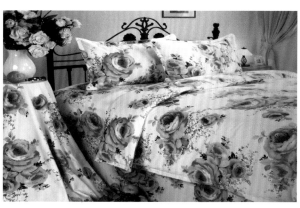

公司是国际一流的聚酰胺新材料工程技术服务商。自1999年创立以来，成功研发多项具有自主知识产权的聚酰胺聚合及纺丝成套工艺及装备技术，提高了产品质量、降低了物耗能耗，大大提升国内聚酰胺行业的整体技术水平和国际竞争力。同时，公司将聚酰胺技术向生物基聚酰胺技术移植，进而开发生物基聚酰胺成套工艺路线及装备，逐渐成为中国聚酰胺行业科技创新及产业升级的引领者。

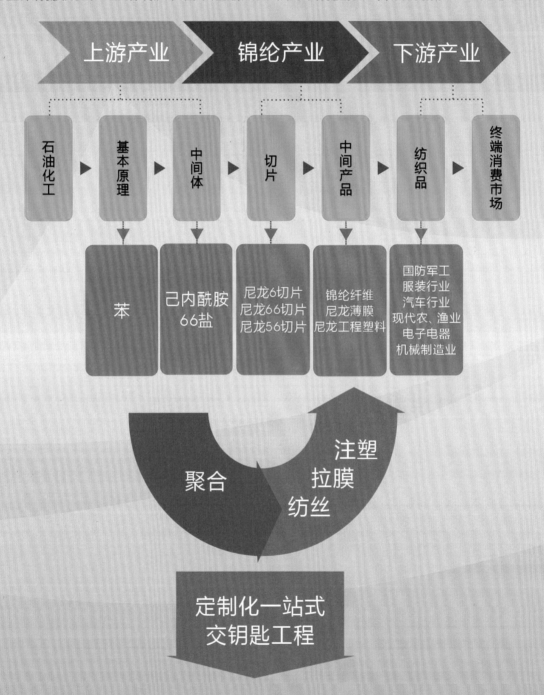

上游产业 　　锦纶产业 　　下游产业

石油化工 → 基本原理 → 中间体 → 切片 → 中间产品 → 纺织品 → 终端消费市场

苯

己内酰胺
66盐

尼龙6切片
尼龙66切片
尼龙56切片

锦纶纤维
尼龙薄膜
尼龙工程塑料

国防军工
服装行业
汽车行业
现代农、渔业
电子电器
机械制造业

聚合　　注塑 拉膜 纺丝

定制化一站式
交钥匙工程

中国纺织科技奖励

（2009年～2015年）

中国纺织工业联合会科技奖励办公室

纺织之光科技教育基金会

中国纺织出版社

内容提要

《中国纺织科技奖励》（2009年-2015年）由中国纺织工业联合会科技奖励办公室、纺织之光科技教育基金会编制。该书收集了2009年至2015年中国纺织行业获国家科学技术奖、"纺织之光"中国纺织工业联合会（中国纺织工业协会）科学技术奖的所有获奖项目，并对其中部分获国家科学技术奖和纺织科技奖项目进行了介绍。是《中国纺织科技获奖三十年》（1978-2008）的续篇。

图书在版编目(CIP)数据

中国纺织科技奖励：2009年—2015年/中国纺织工业联合会科技奖励办公室纺织之光科技教育基金会编。--北京：中国纺织出版社，2016.12
ISBN 978-7-5180-3292-1

Ⅰ.①中… Ⅱ.①中… Ⅲ.①纺织工业-科技成果-中国-2009-2015 Ⅳ.①TS1-12

中国版本图书馆CIP数据核字（2017）第025526号

中国纺织出版社出版发行
地址：北京市朝阳区百子湾东里A407号楼　邮政编码：100124
销售电话：010-67004422　传真：010-87155801
http://www.c-textilep.com
E-mail:faxing@c-textilep.com
官方微博：http://weibo.com/2119887771
中国纺织出版社天猫旗舰店
廊坊市罗德星空彩印有限公司印刷
开本：889×1194　1/16　印张：11.75
字数：137千字　定价：200元

《中国纺织科技奖励》

（2009年–2015年）

编 辑 委 员 会

顾　　问：王天凯　高　勇　孙瑞哲

主　　任：彭燕丽

副 主 任：张慧琴　李金宝　徐新荣　叶志民

执行编委：冯　丽　赵翠琴

编　　委：张放军　孙锡敏　张翠竹　陈思奇

　　　　　开吴珍　王　宁　王国建

序　言

　　2016年是十三五开局之年，各行各业在全面贯彻落实党的十八大和习近平总书记系列重要讲话精神。在"十二五"期间，纺织行业面临国内外复杂多变的形式和经济下行的严峻挑战，中纺联积极持续推进产业调整和转型升级，在科技进步方面取得了良好的成绩，涌现出一批高性能新纤维及复合材料、高端纺织装备、节能减排清洁生产等具有国际先进水平和自主知识产权的优秀科技成果。这些成果更加注重原创性和协同性，更加符合产业发展和民生需求，更加体现成果转化和产业化的要求，这些新成果的推广应用，有力支撑和引领了纺织科技的发展，对提升纺织行业的创新能力起到了积极的推动作用。十二五期间，科技进步带动行业劳动生产率比"十一五"末提高了约60%。

　　2008年纺织之光科技教育基金会成立以来，一直致力于支持纺织科技教育事业，持续资助纺织科技奖励工作，促进了纺织科技奖励工作的稳定发展。2009年至2015年，7年间科技创新成果丰硕，有28项成果获国家科学技术奖，其中"高效短流程嵌入式复合纺纱技术及其产业化"、"筒子纱数字化自动染色技术与装备"获国家科技进步一等奖，另有931项成果获中国纺织工业联合会科学技术奖，获得行业科技奖人数超过7000人次。纺织科技奖作为高水平纺织科技成果的展示平台，营造了尊重科学、依靠科学的良好行业氛围，激发了广大纺织科技工作者的积极性和创造性，对推动行业科技进步发挥了重要作用。

　　科技进步是纺织工业可持续发展的重要因素和有力支撑，是推动纺织强国建设的核心力量，通过国家政策导向、发布行业科技纲要，引导行业加强重点领域科技创新。让我们共同努力，深入实施创新驱动发展战略，进一步做好纺织科技奖励工作，为建设纺织强国做出更大的贡献。

二零一六年十一月十日

目 录

国家科学技术奖纺织行业获奖项目目录及简介

2009年度国家技术发明奖
贰等奖

序号	项目名称	主要完成人	推荐部门
1	聚四氟乙烯复合膜共拉伸制备方法与层压覆膜技术	郭玉海(浙江理工大学)、张建春(总后军需装备研究所)、张卫东(北京化工大学)、陈建勇(浙江理工大学)、张华鹏(浙江理工大学)、张华(总后军需装备研究所)	浙江省
2	抗菌纤维材料功能化过程的界面物理与化学研究	许并社(太原理工大学)、魏丽乔(太原理工大学)、戴晋明(太原理工大学)、刘旭光(太原理工大学)、马印(品德实业（太原）有限公司)、张书才(山西绿洲纺织有限责任公司)	山西省
3	纺织印染废水微波无极紫外光催化氧化分质处理回用技术	曾庆福(武汉科技学院)、夏东升(武汉科技学院)、张跃武(武汉方元环境科技股份有限公司)、戴守华(青岛凤凰印染有限公司)、阮新潮(武汉科技学院)、杨俊(武汉科技学院)	中国纺织工业协会

2009年度国家科技进步奖
壹等奖

序号	项目名称	主要完成单位	主要完成人	推荐部门
1	高效短流程嵌入式复合纺纱技术及其产业化	山东如意科技集团有限公司、武汉科技学院、西安工程大学、山东济宁如意毛纺织股份有限公司	邱亚夫、徐卫林、丁彩玲、邱栋、王少华、孙润军、崔卫钢、陈超、王文革、张庆娟、秦光、赵辉、王建平、李保仓、杨爱国	中国纺织工业协会

贰等奖

序号	项目名称	主要完成单位	主要完成人	推荐部门
1	凝胶纺高强高模聚乙烯纤维及其连续无纬布的制备技术、产业化及应用开发	东华大学、宁波大成新材料股份有限公司、湖南中泰特种装备有限责任公司、中纺投资发展股份有限公司、中国人民解放军总后勤部军需装备研究所	杨年慈、吴志泉、陈成泗、刘兆峰、黄献聪、冯向阳、周宏、胡祖明、高波、王依民	中国纺织工业协会
2	复合型导电纤维系列产品研制与应用开发	中国纺织科学研究院、天津工业大学、中国人民解放军总后勤部军需装备研究所	程博闻、施楣梧、李杰、黄庆、丁长坤、盛平厚、肖长发、杨春喜、金欣、崔宁	中国纺织工业协会

2010年度国家技术发明奖
贰等奖

序号	项目名称	主要完成人	推荐部门
1	黄麻纤维精细化与纺织染整关键技术及产业化	俞建勇(东华大学)、刘国忠(江苏紫荆花纺织科技股份有限公司)、蔡再生(东华大学)、张熙明(江苏紫荆花纺织科技股份有限公司)、程隆棣(东华大学)、张振华(江苏紫荆花纺织科技股份有限公司)	中国纺织工业协会
2	耐高温相变材料微胶囊、高储热量储热调温纤维及其制备技术	张兴祥(天津工业大学)、唐国翌(清华大学)、田素峰(山东海龙股份有限公司)、苗晓光(北京雪莲羊绒股份有限公司)、王学晨(天津工业大学)、石海峰(天津工业大学)	天津市

2010年度国家科技进步奖
贰等奖

序号	项目名称	主要完成单位	主要完成人	推荐部门
1	聚苯硫醚（PPS）纤维产业化成套技术开发与应用	四川得阳科技股份有限公司、四川省纺织科学研究院、中国纺织科学研究院、江苏瑞泰科技有限公司、四川得阳特种新材料有限公司、武汉科技学院、四川华通特种工程塑料研究中心有限公司	王 桦、黄 庆、蒲宗耀、戴厚益、陈 松、崔 宁、覃 俊、代晓徽、冯 军、徐鸣风	四川省
2	簇绒地毯织机系列成套装备技术及其产业化	东华大学、浙江东方星月地毯产业有限公司	孙以泽、孟 婵、窦秀峰、胡定坤、孙志军、顾洪波、陈广锋、孙菁菁	中国纺织工业协会
3	数字化经编装备的关键技术研究与应用	江南大学、常州市润源经编机械有限公司、东华大学	蒋高明、王占洪、陈南梁、夏风林、丛洪莲、缪旭红、刘莉萍、张 琦、张爱军、吴志明	中国纺织工业协会
4	聚间苯二甲酰间苯二胺纤维与耐高温绝缘纸制备关键技术及产业化	东华大学、圣欧(苏州)安全防护材料有限公司、广东彩艳股份有限公司	胡祖明、陈 蕾、钟 洲、陈伟英、刘兆峰、于俊荣、潘婉莲、诸 静	中国纺织工业协会

2011年度国家科技进步奖
贰等奖

序号	项目名称	主要完成单位	主要完成人	推荐部门
1	汉麻秆芯超细粉体改性聚氨酯涂层材料关键技术及产业化	辽宁恒星精细化工有限公司、中国人民解放军总后勤部军需装备研究所	郝新敏、张建春、严欣宁、赵鹏程、马 天、樊丽君、严自力、张 华、唐 丽、陶忠华	辽宁省
2	高品质熔体直纺超细旦涤纶长丝关键技术开发	东华大学、江苏恒力化纤有限公司	王华平、陈建华、丁建中、丁永生、王朝生、刘志立、王山水、张玉梅、刘 建、郝矿荣	教育部
3	棉冷轧堆染色关键技术的研究与产业化	华纺股份有限公司、愉悦家纺有限公司、江苏申新染料化工股份有限公司、天津工业大学	王力民、罗维新、李春光、陈志华、曹连平、王玉平、史锦锋、张健飞、孙 臣、姚永旺	中国纺织工业协会

2012年度国家技术发明奖
贰等奖

序号	项目名称	主要完成人	推荐部门
1	高性能聚偏氟乙烯中空纤维膜制备及在污水资源化应用中的关键技术	张宏伟（天津工业大学）、刘建立（天津膜天膜科技股份有限公司）、吕晓龙（天津工业大学）、李建新（天津工业大学）、李新民（天津膜天膜科技股份有限公司）、王捷（天津工业大学）	中国纺织工业联合会

2012年度国家科技进步奖
贰等奖

序号	项目名称	主要完成单位	主要完成人	推荐部门
1	碳/碳复合材料工艺技术装备及应用	上海大学	孙晋良、任慕苏、张家宝、李 红、潘剑峰、陈 来、周春节、沈建荣、凌宝民、杨 敏	中国纺织工业联合会
2	竹浆纤维及其制品加工关键技术和产业化应用	东华大学、河北吉藁化纤有限责任公司、苏州大学、吴江市恒生纱业有限公司、常州市新浩印染有限公司、浙江圣瑞斯针织股份有限公司	俞建勇、宋德武、唐人成、程隆棣、郑书华、周向东、李振峰、崔运花、王学利、李毓陵	中国纺织工业联合会
3	大容量聚酰胺6聚合及细旦锦纶6纤维生产关键技术及装备	北京三联虹普新合纤技术服务股份有限公司	刘 迪、李德和、张建仁、吴清华、冯常龙、于佩霖、陈 军、吴 雷、董建忠、周顺义	中国纺织工业联合会

2013年度国家科技进步奖
贰等奖

序号	项目名称	主要完成单位	主要完成人	推荐部门
1	功能吸附纤维的制备及其在工业有机废水处置中的关键技术	苏州大学、天津工业大学、苏州天立蓝环保科技有限公司、邯郸恒永防护洁净用品有限公司	肖长发、路建美、李　华、徐乃库、蒋　军、封　严、王丽华、程博闻、徐庆锋、杨竹强	中国纺织工业联合会
2	超大容量高效柔性差别化聚酯长丝成套工程技术开发	桐昆集团浙江恒通化纤有限公司、新凤鸣集团股份有限公司、东华大学、浙江理工大学	王朝生、陈士良、庄奎龙、王华平、韩　建、汪建根、赵春财、王秀华、赵宝东、沈健彧	中国纺织工业联合会
3	丝胶回收与综合利用关键技术及产业化	苏州大学、鑫缘茧丝绸集团股份有限公司、浙江理工大学、苏州膜华材料科技有限公司、湖州南方生物科技有限公司、湖州澳特丝生物科技有限公司、兴化市大地蓝绢纺有限公司	陈国强、邢铁玲、孙道权、洪耀良、张雨青、王祥荣、林俊雄、盛家镛、陈忠立、刘华平	中国纺织工业联合会

2014年度国家技术发明奖
贰等奖

序号	项目名称	主要完成人	推荐部门
1	新型共聚酯MCDP连续聚合、纺丝及染整技术	顾利霞(东华大学)、何正锋(上海联吉合纤有限公司)、蔡再生(东华大学)、王学利(东华大学)、杜卫平(上海联吉合纤有限公司)、邱建华(上海联吉合纤有限公司)	上海市

2014年度国家科技进步奖
壹等奖

序号	项目名称	主要完成单位	主要完成人	推荐部门
1	筒子纱数字化自动染色成套技术与装备	山东康平纳集团有限公司、机械科学研究总院、鲁泰纺织股份有限公司	单忠德、陈队范、吴双峰、刘 琳、鹿庆福、王绍宗、张 倩、王家宾、靳云发、沈敏举、杨万然、刘子斌、罗 俊、李树广、李 周	中国纺织工业联合会

贰等奖

序号	项目名称	主要完成单位	主要完成人	推荐部门
1	高效能棉纺精梳关键技术及其产业化应用	江苏凯宫机械股份有限公司、中原工学院、江南大学、上海昊昌机电设备有限公司、河南工程学院	任家智、苏善珍、崔世忠、高卫东、张立彬、谢春萍、张一风、马 驰、钱建新、贾国欣	中国纺织工业联合会
2	新型熔喷非织造材料的关键制备技术及其产业化	天津工业大学、天津泰达洁净材料有限公司、中国人民解放军总后勤部军需装备研究所、宏大研究院有限公司	程博闻、唐世君、陈华泽、刘玉军、邢克琪、康卫民、宋晓艳、庄旭品、刘 亚、杨文娟	天津市

2015年度国家科技进步奖
贰等奖

序号	项目名称	主要完成单位	主要完成人	推荐部门
1	PTT和原位功能化PET聚合及其复合纤维制备关键技术与产业化	盛虹控股集团有限公司、北京服装学院、江苏中鲈科技发展股份有限公司	王 锐、缪汉根、张叶兴、梅 锋、朱志国、边树昌、张秀芹、周静宜、徐春建、王建明	中国纺织工业联合会
2	高精度圆网印花及清洁生产关键技术研发与产业化	愉悦家纺有限公司、天津工业大学、青岛大学、天津德凯化工股份有限公司、山东同大镍网有限公司、福建省晋江市佶龙机械工业有限公司、山东黄河三角洲纺织科技研究院有限公司	张国清、房宽峻、王玉平、张兴华、魏福彬、陈家康、乔传亮、胡立华、刘尊东、郝龙云	中国纺织工业联合会

聚四氟乙烯复合膜
共拉伸制备方法与层压覆膜技术

主要完成人：郭玉海（浙江理工大学）、张建春（总后军需装备研究所）、
张卫东（北京化工大学）、陈建勇（浙江理工大学）、
张华鹏（浙江理工大学）、张华（总后军需装备研究所）

聚四氟乙烯（PTFE）薄膜具有独特"结点－原纤"的微孔结构和优异的化学稳定性能，作为特种服装面料和环保除尘滤布的关键材料，市场潜力巨大。我国于上世纪90年代在生料带基础上突破了单层PTFE薄膜生产技术，但表面张力低、非均匀拉伸成型带来的难粘、微结构和均匀性难以控制等是规模应用的技术瓶颈。该项目旨在以建立的界面结构和非均匀拉伸控制理论为依据，创建PTFE复合膜共拉伸方法，丰富薄膜的制备理论，形成产业化加工技术，促进薄膜在特种服装和环保除尘滤布中的全面应用。

该项目主要发明点：（1）揭示PTFE薄膜加工过程表面张力变化对粘结性能的影响，提出材料间形成相互嵌织的界面结构方法来解决粘结问题；研究拉伸应力传递、应变、温度场与薄膜形态结构演变间关系，建立薄膜非均匀拉伸变形机制。（2）以界面结构和非均匀拉伸变形理论为指导，提出共拉伸方法，以PTFE为基层，分别选择典型的温度成膜材料PU和应力成孔材料PTFE为顶层，在共同拉伸力学场和温度场控制条件下，形成PTFE/PU、PTFE/PTFE两种材料双层共拉伸专利技术，攻克了粘结、微结构和厚度均匀性难题，组建新型生产线，实现了规模化生产。（3）发明了薄膜点状粘合剂上胶、无胶热复合关键生产装备和工艺，解决双层复合膜与支撑材料的层压问题，开发了覆膜面料和覆膜滤布等专利产品。形成了从理论研究、共拉伸制膜新方法、新技术、新工艺、新设备到系列化功能覆膜产品完整的创新体系。获授权国家发明专利8项，总体达到国际先进水平。

该项目技术已在多家企业得到推广应用，形成三大类批量生产产品，利用PTFE/PU复合膜开发的新型防寒鞋和防寒大衣装备于军队、武警，解决了西藏等高寒地区部队冬季保暖问题，开发了户外运动服、消防服、帐篷等。PTFE/PTFE覆膜滤布广泛用于空气除尘、空气除菌、工业过程中高温烟尘的处理，满足了国内和出口市场的需要。

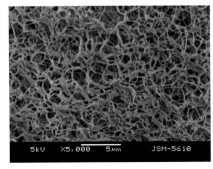
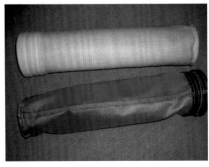

抗菌纤维材料功能化过程的
界面物理与化学研究

主要完成人： 许井社（太原理工大学）、魏丽乔（太原理工大学）、
戴晋明（太原理工大学）、刘旭光（太原理工大学）、
马印（品德实业（太原）有限公司）、张书才（山西绿洲纺织有限责任公司）

高性能纤维，如抗菌、阻燃功能纤维是纺织界研究的热点。我国是纺织品出口大国，研究高品质高性能功能纤维对提升我国纺织行业的国际竞争力具有现实意义和战略意义。目前，国内外对抗菌纤维研究虽较多，但抗菌时效短、可纺性差、理论依据欠缺，如界面接合理论及新合成工艺机理研究等问题亟待解决。该项目主要发明点：

1. 发明了抗菌纤维材料功能化过程的界面物理与化学研究方法

通过外场诱导天然纤维进行表面纳米抗菌晶化处理，在其表面形成牢固的纳米复合功能层。从原子级水平超微观研究着手，分析和表征了界面结构与性能关系，研究了纳米抗菌材料／纤维接合界面结构与物理化学特性关系，建立了天然纤维／纳米功能材料结合界面结构的化学模型，揭示了纤维表面纳米功能化机理。该方法可广泛应用于高性能功能纤维的制备，如所有硅烷类功能助剂与天然纤维或仿天然纤维的复合功能化。依据此理论，可对纤维的表面结构进行可控调变，设计纤维功能化工艺并优化工艺参数，从而对高性能功能纤维设计与生产起到重要的指导作用。

2. 发明了外场诱导与传统工艺结合的新型工艺

从功能纤维界面理论出发，采用外场诱导和传统浸轧工艺结合的新工艺，将纳米抗菌功能基团通过接枝共聚、大分子反应，形成化学键结合的纳米抗菌功能材料／纤维界面层，本质上区别于传统的物理吸附，实现了纤维的抗菌功能长效性、高力学性能和低成本；解决了汉麻纤维处理过程中可纺性、染色性、服用性差等关键问题。

通过界面性能设计与工艺调控，解决了纳米功能相不易在基材中均匀分散关键难题，实现了高速（3500m／min）熔融纺丝。

3. 发明了既能表面（界面）化学键合、又能在基体中均匀分散的纳米抗菌复合功能材料合成的 Ag/SiO_2、$Ag-Zn/SiO_2$ 等纳米抗菌复合功能材料，抗菌即效快、时效长久、性能稳定。对金葡和大肠杆菌的抑菌率均达到99%以上，适用于制备多种抗菌纤维。

4. 以功能纤维界面研究结构为依据，优化了生产工艺，实现了节能减排的绿色生产

该项目申请中国发明专利16项，授权11项。该项目发明的纳米功能纤维性能稳定、降低了成本，减少了污染废水排放，具有良好的经济和社会效益。

纺织印染废水微波无极紫外光催化
氧化分质处理回用技术

主要完成人：曾庆福（武汉科技学院）、夏东升（武汉科技学院）、
张跃武（武汉方元环境科技股份有限公司）、戴守华（青岛凤凰印染有限公司）、
阮新潮（武汉科技学院）、杨俊（武汉科技学院）

该项目发明了纺织印染废水脱色处理回用的共性技术－微波无极紫外光催化氧化技术，是科技部组织的国家863重大专项攻克的纺织印染行业急需解决的重大技术难题。

我国是水质性缺水国家，节能减排是我国的基本国策。纺织印染行业是我国的传统支柱产业，又是用水量大、污染重、能耗较高的行业。尤其是染色水洗等工序废水不仅在印染行业废水排放总量中占很大比重，且色度深，最高温度达90℃，使得常规的生物方法及膜处理方法难以直接处理。对这类废水，目前是先排放到调节池冷却，然后通过传统方法处理排放，这不仅加大了处理难度和处理成本，同时浪费了大量的热能和水资源。

该项目系统研究了印染废水分质处理回用技术，重点研究高温水洗废水在线处理及水和热能的直接回用，同时研究印染终端废水生化－物化处理回用技术。课题组从微波光化学基础研究入手，研制了可工业化的大功率、短波长微波无极紫外光源，解决了普通短波长紫外光源功率小、长波长紫外光源效率低、寿命短等问题；研制了固定化钛系催化剂和均质铁系催化剂，解决了光催化剂在液相体系反应中易流失、催化效率低等问题；发明了印染废水脱色回用的共性技术－－微波无极紫外光催化氧化技术，属国内外首创，并在纺织印染行业实现了高温染色水洗、退蜡等印染工序废水的分质处理回用的工业化应用。针对印染终端废水，发明了微波等离子体协同无极紫外光催化氧化技术，水力驱动载体循环生物处理技术，解决了部分染料难以光降解问题，以及传统活性污泥法和生物膜法在处理印染废水中停留时间长，曝气量大，维护困难等问题，实现了印染终端废水深度处理及部分回用。

该项目共申请发明专利15项，已授权发明专利5项，实用新型专利4项，发表学术论文62篇，SCI收录13篇，技术成果达到国际领先水平。

纺织印染废水分质处理回用技术对纺织印染行业节能减排提供了技术保障，对印染行业的节能减排有巨大的推动作用。在国内外首次实现了微波无极紫外光催化氧化技术的工业化应用，并对微波光化学、光化学合成学科的发展将产生重大影响。

高效短流程嵌入式
复合纺纱技术及其产业化

主要完成单位：山东如意科技集团有限公司、武汉科技学院、西安工程大学、山东济宁如意毛纺织股份有限公司

该项目在国际上首次提出了"嵌入式系统定位"纺纱理论，研制了"嵌入式系统定位新型纺纱技术"。该技术是我国唯一拥有自主知识产权的新型纺纱技术，不仅可应用于棉麻毛丝纺纱领域，实现超高支纱线的纺制，而且可使传统纺纱难以利用的原料可纺，具有资源优化利用及充分利用、缩短加工流程、降低能源消耗及原料消耗等方面的优点。

该项目研制出嵌入式系统定位复合纺纱设备，通过对环锭细纱机改造，并加装原料喂入系统、自动退绕系统、张力控制系统、导丝与导条系统、准确定位系统、断头检测系统等六大系统，实现了嵌入式复合纺纱技术的产业化生产。

该项目在技术上实现了以下四大突破：1. 突破了现有环锭纺纱技术纺高支纱的极限，实现了优质纤维"超高支纺纱"。国际上原有毛纺最高极限纱支（公制支数）180/2Nm，而应用此技术纺纱可以达到500/2Nm；棉纺最高纱支（英制支数）300/2Ne，应用此技术可以达到500/2Ne。2. 实现了低等级纤维原料及下脚料（落毛、落棉）纺高支纱，节约了成本，实现了资源的优化利用。3. 突破了原有环锭纺纱技术对纤维长度、细度等性能要求，将一些原来不能在纺纱领域使用的纤维原料（如羽绒纤维）实现了纺纱应用，极大拓展了纺织原料的种类，实现了材料的充分利用。4. 利用此技术设备可实现喂入原料精确定位的特点，采用多种原料纺制出具有不同特色与功能的各种复合结构的纱线，为不同原料优化组合与花色品种多元化纺纱提供了新途径。该技术已经申请专利20项，其中7项获得授权，发表学术论文16篇。

该项目针对嵌入式系统定位复合纺纱技术加工纱线的特点，研究了新型纱线络筒捻接技术、超高支高密超薄面料织造技术、低张力整理技术、防皱弹性及其他功能整理技术，解决了该技术产业化应用的技术难题，上述技术不仅适用于嵌入式系统定位复合纺纱技术产品也适用于其它常规产品，并可达到节能减排的目的。

该技术成果经专家鉴定认为"是对传统纺纱技术及理论的突破，是一项重大的原创技术。整体技术达到了国际领先水平，技术成果填补了国内空白，该技术的推广应用将对中国纺织行业的技术进步与产品升级换代起到巨大的推动作用。"

凝胶纺高强高模聚乙烯纤维及其连续无纬布的制备技术、产业化及应用开发

主要完成单位：东华大学、宁波大成新材料股份有限公司、湖南中泰特种装备有限责任公司、中纺投资发展股份有限公司、中国人民解放军总后勤部军需装备研究所

高强高模聚乙烯纤维是重要的战略物资，广泛应用于国防、航空、航海等领域，国际上仅荷兰和美国拥有该纤维制备技术，但对我国实行严密的技术和产品封锁。自1985年起，该纤维的国产化多次被列入国家科技攻关及产业化计划。

该项目历经20年，经多家单位系统深入的研究和协作攻关，攻克了高强高模聚乙烯纤维及其连续无纬布制备的一系列关键技术，并研制了关键设备，主要包括：提出了基于热力学解缠的动力学控制解缠机理，形成了低缠结、亚高浓度超高分子量聚乙烯纺丝溶液的连续制备技术；攻克了以保持柔性链低缠结状态为核心的超高分子量聚乙烯冻胶纤维成形关键技术；研发了高效萃取和超高倍拉伸的专用设备及关键技术；研发了纤维摩擦均匀铺展和连续无纬布制备技术和装备；开发了军警用轻质防弹装备的结构设计与工程化技术。在突破关键技术的基础上进行系统集成，建立了从纤维制备到军警用防弹防护装备生产的完整产业化体系。

该项目突破了欧美国家的工艺技术体系，立足于国产原料，在关键技术和专用设备上取得了重大突破，创建了具有自主知识产权的高强高模聚乙烯纤维及其连续无纬布制备的完整的技术体系，形成了我国高性能纤维的主导技术和名牌产品。项目已申请专利49项，其中获授权中国发明专利22项、韩国发明专利1项，发表论文90余篇。相关成果获省部级科技进步一等奖4项，经专家鉴定，总体上达到国际先进水平。

该项目主要技术指标均达到国外同类产品先进水平，产品在防弹装备、航空航天、船舶及民用防护等领域得到了广泛应用，远销到欧美、中东、亚洲等50多个国家和地区，军用防弹衣通过中国人民解放军总后勤部军工产品定型委员会定型，正式列装全军。

该项目填补了国内高性能纤维产业化的空白，打破了欧美对我国长期的技术和产品封锁，使中国成为继美国、荷兰之后世界上第三个能运用自主知识产权生产高强高模聚乙烯纤维的国家，为我国高性能纤维产业实现自主创新起到了引领作用，有力地推动了我国纺织行业的科技进步和产业升级，社会效益巨大。

复合型导电纤维系列产品
研制与应用开发

主要完成单位：中国纺织科学研究院、天津工业大学、
中国人民解放军总后勤部军需装备研究所

随着特殊作业场所与日常生活对服装及纺织品抗静电的要求日益提高，作为消除静电、减少静电危害和实施静电防护的重要材料之一，导电纤维已成为世界功能纤维材料的研究热点。长期以来，其生产技术和市场一直被美国、日本等少数国外几家大公司所垄断。自上世纪80年代开始，我国投入大量的人力、物力和财力进行导电纤维的研究开发，但一直未实现导电纤维的产业化规模生产。因此，开发具有自主知识产权的导电纤维对于打破国外垄断、提升我国功能纤维及其产品的国际竞争能力具有重要意义。

该项目系统研究了复合导电纤维的导电机理及纤维成形条件，攻克了成纤用纳米功能材料制备、多相体系纺丝成形、纤维加工等系列科学与技术难题，开发出导电纤维成套设备与工艺技术软件，实现了复合型导电纤维的产业化。研究了导电粉体的表面修饰条件，提出了产业规模的导电粉体表面处理、分散及成纤聚合物多相体系纺丝成形的技术方法，建立了导电粉体在聚合物基体中的分散模型，开发出导电母粒制备技术；在国内首创了纺牵一步法导电长丝工艺，独创了"FDY＋短纤化后处理"的复合导电短纤维工艺流程，将纤维的导电功能性与可加工性有效统一，开发出溶解－涂覆型等新型系列导电纤维产品；在成纤聚合物多相体系纺丝动力学研究基础上，研制了多种截面的复合导电纤维专用喷丝板、组件等纺丝关键设备，解决了导电组分易团聚、纺丝熔体易堵塞管路等产业化技术难点；揭示了各种条件对纤维导电性能的影响规律，提出了纤维导电通道模型，建立了科学有效的纤维、面料与服装的导电性能测试与评价体系，开发出上百种导电纤维功能面料，形成了导电纤维复合纺丝设备与生产线设计、导电母粒制备与导电纤维生产、导电功能面料及产品设计与加工、产品性能评价等成套产业化集成技术。

该项目开发的系列复合导电纤维与功能面料的技术指标均达到国际先进水平。申请国家发明专利6项，其中授权2项；公开发表科技论文14篇，其中5篇被SCI收录。

该项目的成功实施，实现了导电纤维、导电功能面料和服装的规模化、系列化和国产化生产，打破了国外的技术封锁和产品垄断，填补了国内相关技术领域的空白，对增加快我国化纤行业的技术进步及产品结构调整与优化发挥了重要的推动作用，取得了显著的经济效益和社会效益。

黄麻纤维精细化与纺织染整
关键技术及产业化

主要完成人：俞建勇（东华大学）、刘国忠（江苏紫荆花纺织科技股份有限公司）、
蔡再生（东华大学）、张熙明（江苏紫荆花纺织科技股份有限公司）、
程隆棣（东华大学）、张振华（江苏紫荆花纺织科技股份有限公司）

黄麻纤维是仅次于棉纤维的第二大天然纤维素纤维，全球总量300万吨左右，纤维资源丰富；纤维成本低；产品具有吸湿导湿能力强、抑菌抗菌性能优、外观风格独特等突出特性，极具发展潜力。但由于黄麻纤维精细化技术长期以来一直未能取得突破，致使黄麻纤维单纤分离度低，纤维粗硬，无法纺制细度较高的纱线，加之产品染色性差、刺痒感严重，使黄麻纤维只能用于麻袋等低档产品，难以在服装和家纺面料领域得到有效利用。

该项目发明了黄麻纤维"生物－化学－物理"可控组合精细化技术，研发了复合酶生物脱胶、高效化学脱胶、梳理和牵伸细化等关键技术，在保证黄麻纤维整体强度的同时，显著提升黄麻纤维细化程度，突破了黄麻纤维用于服装和家纺面料领域的精细化关键技术瓶颈。发明了精细化黄麻纤维纺织加工关键技术，研究开发了黄麻纱线加工集成技术，重点研制了纤维纺前处理专用助剂及其处理工艺，开发了梳理工序关键技术及专用元件，制备出能用于服装和家纺面料的系列精细化黄麻混纺纱；创新开发了黄麻织物加工关键技术，研制了专用浆料并优化上浆和织造工艺，确保织造效率及产品质量。发明了精细化黄麻纤维织物染整加工关键技术，独创了精细化黄麻纤维织物协同漂白关键技术，并有效控制纤维降强；研发了黄麻织物阳离子改性染色技术，显著改善黄麻织物染色鲜艳度和色牢度，并确保染色均匀性；研发了黄麻织物生物酶－柔软剂联合整理技术，显著提高黄麻织物柔软度，有效降低织物对皮肤的刺痒感。在核心发明基础上，开发了系列黄麻纤维制品，实现了黄麻纤维资源在服装和家纺面料领域的产业化应用。成果鉴定表明：黄麻纤维精细化与纺织染整加工关键技术属重大原创性成果，总体技术达到国际领先水平。

该项目共申请发明专利28项，其中授权10项；申请实用新型专利16项，其中授权10项；发表论文20篇。建立了一整套精细化黄麻纤维及其制品的评价体系，制订了4项企业标准，起草并申报了4项行业标准。

该项目成果已实现产业化，并取得显著的经济和社会效益。对缓解我国纺织纤维资源紧缺，充分利用土地资源、解决三农问题具有积极意义，对纺织行业的技术进步、产业升级和可持续发展具有重要的示范和推动作用。

耐高温相变材料微胶囊、高储热量储热调温纤维及其制备技术

主要完成人：张兴祥（天津工业大学）、唐国翌（清华大学）、
田素峰（山东海龙股份有限公司）、苗晓光（北京雪莲羊绒股份有限公司）、
王学晨（天津工业大学）、石海峰（天津工业大学）

该项目主要发明点：

1. 发明了高储热量储热调温纤维及熔融纺丝技术，实现了生产过程的低能耗、低污染，克服了有机功能材料耐热温度低的缺陷，实现有机功能材料改性纤维制备功能纤维的突破，在行业内有重要参考价值。

2. 发明了耐高温相变材料微胶囊制备技术，通过采用在微胶囊内添加预留膨胀空间和使用共聚物囊壁等，使相变材料微胶囊的耐热温度由常规工艺的156℃，提高到289℃。

3. 采用相变材料为原料，采用熔融复合纺丝工艺制备出了高储热量的储热调温纤维，纤维的储热量达到35J/g，是国外储热调温纤维储热量的3倍。

该项目申请发明专利15项，获得发明专利10项。发表研究论文64篇，其中SCI、EI收录论文34篇，其中核心的8篇SCI收录论文被引用165次，出版专著1部。

该项目另外获得科技奖励三项：（1）耐高温、低甲醛正构烷烃微胶囊及熔纺储热调温纤维的研究与开发，获得2009年中国纺织工业协会科技进步一等奖；（2）牛奶蛋白纤维研制、生产、应用及市场化一条龙技术开发，获得2007年中国纺织工业协会科技进步二等奖；（3）相变材料纳胶囊、微胶囊和调温纤维及纺织品的研制，获得2006年天津市技术发明二等奖。

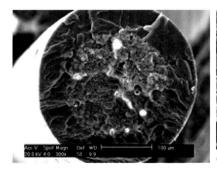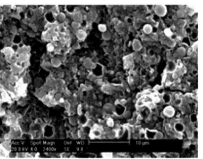

图1(a) 熔纺储热调温纤维的截面SEM照片 (b) 纤维截面的放大SEM照片　　图2 储热调温粘胶纤维断面SEM照片

聚苯硫醚（PPS）纤维产业化成套技术开发与应用

主要完成单位：四川得阳科技股份有限公司、四川省纺织科学研究院、
中国纺织科学研究院、江苏瑞泰科技有限公司、
四川得阳特种新材料有限公司、武汉科技学院、
四川华通特种工程塑料研究中心有限公司

PPS熔点为285℃，是目前熔纺温度最高的合成纤维，具有很好的耐高温性，长期使用温度为190℃；并且具有优异的耐腐蚀性，在200℃下不溶于任何化学溶剂；还具有良好的阻燃、绝缘、耐辐射等优异性能。PPS纤维是目前国际公认燃煤锅炉烟气袋式除尘的必选过滤材料，对我国大气环境保护十分重要，同时也是我国特种服装、高等级绝缘材料、化工过滤等急需的特种纤维材料，近年来国家又多次将PPS纤维的产业化列入重点扶持计划。

自1992年起，项目承担单位在PPS纤维产业链的不同环节展开工作，开发了纤维级PPS树脂合成、纯化精制技术；建立了纤维级PPS树脂评价体系与纤维成型过程中的结构演化模型；开发了PPS纤维制造新工艺与专用关键设备；系统集成了各环节的技术关键点，形成了具有自主知识产权的PPS纤维产业化成套技术，并首次在国内建成了PPS纤维完整产业链。

项目共申请国家发明专利13项，其中授权4项；发表科技论文8篇；荣获四川省科技进步一等奖两项；中国纺织工业协会科学技术进步一等奖一项，二等奖一项。项目经专家鉴定认为：项目工艺、设备的国产化率达到了100%，填补了国内空白；项目生产的PPS纤维的各项技术指标达到了国外同类产品的先进水平，项目总体技术水平达到国际先进。

该项目建成了6000吨／年PPS纤维级树脂、7000吨／年短纤维和2500吨／年长丝专用生产线。项目生产的PPS短纤维产品获得2008年度国家重点新产品称号，已广泛应用于我国燃煤电厂袋式除尘装置中，各项指标均达到甚至超过国外同类产品，并出口到德国、巴西、南非、印度、美国等国家。取得了良好的经济效益。

该项目的成功打破了国外技术和市场的垄断，使中国成为继日本之后世界上第二个拥有PPS纤维完整自主知识产权的国家；解决了我国燃煤电厂袋式除尘的瓶颈问题，大幅降低了除尘成本，有力推动了我国环保事业的发展；引领我国高温特种纤维实现自主创新，促进我国化纤行业的技术进步及产业结构优化调整，社会效益巨大。

簇绒地毯织机系列成套装备技术及其产业化

主要完成单位：东华大学、浙江东方星月地毯产业有限公司

簇绒地毯及装备在地毯产业中占主导地位，拥有近90%的市场份额，随着材料科学和织造技术质的进步，簇绒地毯已是一种隔音、防尘、安全、环保、防静电、防辐射、易清洗、易铺装的时尚装饰材料，成为欧美发达国家重要的民生产品，产业规模达数千亿美元。我国的地毯产业是新兴的朝阳产业，近几年一直以20%以上的增速发展，但总量不足世界总量的3%，面对国内外巨大的市场机遇，地毯装备产业和装备技术却是空白，造成了地毯装备和高端地毯产品市场被发达国家垄断的局面。2000年以来，国家发改委、科技部、工信部将研发自主知识产权的地毯装备列入国家"十一五"规划、纺织装备中长期发展规划、纺织产业振兴规划予以大力支持。

该项目主要创新点：独创了在线复合提花技术，将多种提花方式集成到一台织机上，实现了在线多类型电子罗拉任意组合提花，极大拓展了地毯花形的可织范围，有效提高了复杂花形的织造精度；独创了纱线束路径规划、分配及动态张力控制方法，创造了恒张力导纱罗拉专件，解决了长期困扰行业的断纱率高、效率低、毯面横纹等难题；首次提出了多类型电子罗拉大规模群控系统模型及解耦方法，通过精确控制电子罗拉喂纱量和纱线束张力，精确控制了每针的绒高，实现了分辨率1针的精确提花；研制了高效节能的簇绒地毯织机关键机构及驱动系统，提高了织造精度和效率，降低了功耗；独创了流线拱形覆底塑化定形机及两步法涂敷工艺，解决了覆底产品易变形、成品率低的难题。

该项目装备填补了国内空白，总体技术达到国际先进水平，数字化系列装备技术达到国际领先水平。获省部级一等奖1项、二等奖5项；申请发明专利6项，其中授权1项，公开5项；获实用新型专利授权2项；获软件著作权登记2项；发表论文40余篇；起草制定了数字化簇绒地毯织机行业标准。

该项目成果的推广应用，取得了显著的经济效益和社会效益。打破了发达国家的产业垄断，有力地促进了我国地毯产业的发展。

数字化经编装备的关键技术研究与应用

主要完成单位：江南大学、常州市润源经编机械有限公司、东华大学

经编产业以其科技含量高、生产效率卓越、产品性能独特等优势在纺织工业中占据了重要的地位。"十五"以前，我国普遍采用的机械式经编装备机构复杂，产品变换困难，品种适应性差，难以满足高档产品的生产要求。随着信息技术的发展，国外经编装备和生产已经步入数字化时代，而我国高端的电脑经编装备全部依赖进口，这增加了企业投入成本，阻碍了产业规模的进一步扩大，已成为经编产业发展的主要瓶颈问题。

该项目主要技术内容：（1）经编数字提花技术：研究梳栉横移运动规律，采用伺服控制和气动回复技术研发一种新型电脑花纹横移机构，实现了高速、高精度的梳栉提花运动；研究压电陶瓷材料形变特性，利用高压集成电路驱动压电陶瓷贾卡导纱针，提花运动无花纹循环限制，适应机速高；（2）经编高速技术：利用高次多项式数学模型来模拟伺服驱动的高速电子凸轮，研发高动态响应的高速横移系统和全闭环送经系统，实现装备高速柔性运转；（3）数字多轴向铺纬技术：研发多轴向铺纬系统，建立多轴运动控制模型，实现 X-Y 方向的动态角度多层铺纬；（4）建立经编装备集成控制模型，开发了经编装备集成控制软件；研究和建立经编织物线圈结构模型、设计与仿真模型，开发了通用的经编织物设计软件。

该项目围绕数字化经编装备关键技术，共获得中国发明专利授权 5 项、软件著作权登记 2 项、实用新型专利授权 21 项，申请国际专利 3 项、中国发明专利 35 项。

技术经济指标：（1）数字提花技术将花纹移动范围由机械式的 47 针提高到 170 针、贾卡花纹循环不受限制，机速达 1200 转／分，产品变换时间由原来的 3-7 天缩短为 2-3 小时；（2）经编高速技术使电子横移机速达 1300 转／分，速度提高达 30%；（3）数字多轴向铺纬技术实现 -20 至 +20° 铺纬，最多铺层数由 3 层提高到 7 层；（4）研制电脑经编机 5 个系列 20 多个品种，机器性价比高，价格仅为国外同等设备的 40-50%。（5）经编针织物 CAD 系统达到国际领先水平，价格仅为国外系统的 30%。

该项目研制的各类经编装备和配套软件已经在经编大型企业广东飘娜、锦程，福建东龙，浙江德俊，江苏天常、旷达，山东三英纤维等 87 家公司应用，项目开发的高档装备和软件占市场份额的 60% 以上，间接经济效益 20 亿元左右，打破了高档经编装备长期依赖进口的局面，促进了我国的经编技术进步和产业升级。

聚间苯二甲酰间苯二胺纤维与耐高温绝缘纸制备关键技术及产业化

主要完成单位：东华大学、圣欧（苏州）安全防护材料有限公司、广东彩艳股份有限公司

聚间苯二甲酰间苯二胺纤维（简称间位芳纶）与绝缘纸制备关键技术及产业化具有优异的耐热性、耐焰性、良好的纺织加工性和绝缘性能，广泛应用于防护服、高温滤料、电器工业和复合材料领域。间位芳纶绝缘纸蜂窝材料是制造预警飞机雷达罩及大飞机次受力部件的必备材料。

该项目完全采用国产原料，依靠自主研发，攻克了聚会、纺丝、沉析及绝缘纸制造中的工艺技术难题，形成了一系列关键技术，研制了关键设备。主要创新包括：首次采用以高效剪切为核心的间位芳纶半连续聚合和双螺杆连续中和技术，解决了反应后期黏度急剧上升带来聚合反应不均、中和反应不完全和过滤性能差的难题，大幅度提高了单线聚合能力和聚合体分子量；开发了高效超声波水洗装备和工艺，有效降低了成品纤维的无机盐含量，提高了后续产品的电绝缘性能；深入研究了间位芳纶溶液纺丝凝固机理，在自主开发圆形界面纤维的基础上，根据皮芯层成形速度差异和皮层的受控收缩原理，首创了间位芳纶异形纤维纺丝技术，使产品特别适合制造绝缘纸，也更适用于高温滤料领域；通过调控沉淀剂和间位芳纶溶液的表观黏度比，创新了间位芳纶沉析纤维产业化制备技术，研制了与新工艺配套的新装备，实现了沉析纤维质量和产能的同步提高，为绝缘纸的自主制造提供了材料保证；设计了具有特殊外场作用的打浆和纸浆输送系统，开发了溜浆箱纸浆分配和在线测控技术，开发了专用热压设备和热压工艺，优化了纸浆中超短纤维和沉析纤维配比，获得了具有优异力学性能和绝缘性能的间位芳纶纸。

该项目在突破关键技术的基础上进行系统集成，建立了具有自主知识产权的间位芳纶和绝缘纸产业化体系，整体达到国际先进水平。申请国家发明专利6项，授权2项，发表论文20篇，SCI、EI、ISTP收录6篇。

该项目实现了间位芳纶的全面国产化，使我国成为世界上第二个实现间位芳纶绝缘纸产业化的国家，打破了国外公司在国际上长达40余年的技术封锁和产品垄断，扭转了我国间位芳纶长期依赖进口的局面，解决了我国在航空航天、国防军事、民用等领域等对间位芳纶的迫切需求，有效推动了纺织化纤行业的科技进步，具有巨大的经济效益、社会效益和国防意义。

汉麻秆芯超细粉体改性聚氨酯涂层材料关键技术及产业化

主要完成单位：辽宁恒星精细化工有限公司、
中国人民解放军总后勤部军需装备研究所

该项目系统研究聚氨酯材料防水透湿机理和老化机理的基础上，提出了功能性天然高分子与聚氨酯树脂共混共聚改性的新方法，研制了超细粉体添加剂，合成了耐老化防水透湿聚氨酯树脂，建立了高防水透湿涂层织物新模型，发明了多层涂覆新工艺，研制生产了一系列防水透湿涂层新材料，解决了聚氨酯涂层材料高防水与高透湿、低温与柔软透湿、储存与老化、高性能与低成本之间的矛盾。

主要技术内容：（1）在全面分析探讨聚氨酯材料防水透湿、低温透湿、老化降解机理以及汉麻秆芯性能基础上，系统研究了具有微孔结构、能与聚氨酯反应形成牢固结合的汉麻秆芯粉体的添加对聚氨酯树脂耐水解、耐碱水、耐汗水、耐光降解、耐生物降解、防粘连等老化性能和防水透湿性能的影响，提出了天然高分子汉麻秆芯粉体与聚氨酯共混共聚的改性方法。（2）采用冲击破碎、气流磨、震动球磨等复合粉碎工艺，研制了600-1000目的汉麻秆芯超细粉体；将汉麻秆芯粉体与二异氰酸酯共混预聚，研发生产了具有微孔透湿功能和高反应活性的聚氨酯改性添加剂，解决了粉体添加剂的分散均匀性、反应活性及耐久功能性。（3）通过改性汉麻秆芯超细粉体与聚氨酯的共混共聚，合成了改性聚氨酯涂层胶系列，发明了"致密－微孔－致密"的多层涂覆工艺，建立了微孔透湿和溶解扩散透湿相结合的高防水透湿模型，结合涂层胶的差别化设计和应用，研制生产了具有单向导湿功能的耐老化高防水透湿系列雨衣涂层材料，实现了高防水、高透湿、耐雨淋和耐老化性能与低成本的统一。（4）利用汉麻秆芯超细粉体与聚氨酯、有机硅氧烷共混共聚，合成了改性有机硅聚氨酯涂层胶，解决了聚氨酯与有机硅不相容、难反应的技术难题，研发了耐低温防风透湿涂层面料，提高了其低温服用性能。（5）研发生产了改性超细纤维合成革，具有吸湿性强、透湿量大、抗菌、耐老化等优异性能。申报国家发明专利6项，已授权1项；授权实用新型专利2项。

该项目产品自2008年开始在部队和武警大衣、雨衣和大檐帽等装备，并推广至检察服装、邮政制服、户外休闲、体育运动等服装上应用，制订相应材料标准6项，形成专著2部。取得了显著的经济、军事和社会效益。

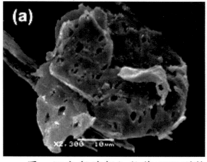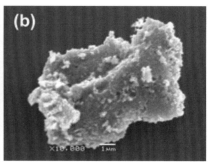

图：汉麻秆芯超细粉体 SEM 形貌（a）改性前，（b）改性后

高品质熔体直纺超细旦涤纶长丝关键技术开发

主要完成单位：东华大学、江苏恒力化纤有限公司

超细旦涤纶长丝（单丝纤度0.2—0.5d）具有高比表面积与优异的柔性，是高档服装面料、家纺、汽车内饰等产业用领域急需的紧缺关键原料，是国际通用纤维技术水平与竞争力的标志性品种。由于工艺复杂、技术难度大，国际上只有日本等极少数国家能够生产，且技术保密，我国完全依赖进口。近十多年来，我国化纤科技与产业界加大超细旦涤纶长丝开发力度，但由于其制备存在原料结构均质化、纤维形态及染色均匀化、成形工艺及工程协同控制复杂化等重大技术难题，成为我国化纤工业长期关注、急需突破的关键技术瓶颈。

该项目在深入研究聚合、纺丝动力学和工程控制原理的基础上，研究了聚酯结晶控制原理与微量组合改性新方法，制备了序列结构均匀的专用聚酯，攻克了聚酯结晶过程与超细旦涤纶纺丝、加弹工艺冲突的技术瓶颈；研发了聚酯熔体系统实时动态协同控制技术，解决了不同工况下熔体连续稳定输送与精确分配的难题；研发了亚微米过滤、高剪切组件、长丝环吹冷却等系列技术，攻克了超细旦纤维熔体均质化与纺丝成形高稳定、条干和染色均匀性控制的难题；研制了增加丝束抱合性、加弹稳定性及精细张力自动补偿与控制等系列技术，开发高效高品质超细旦涤纶DTY专有技术；系统研究了超细旦长丝复丝纺丝工程模型与成形规律，开发了数字化仿真专用软件，建立了系统科学的超细旦涤纶FDY及DTY全流程质量控制技术与标准体系。

在20万吨熔体直纺装置上成功实现了30余个超细旦长丝产品的规模生产，彻底改变了完全依赖进口的局面，提升了国际超细旦长丝技术与水平。形成了具有自主知识产权的高品质熔体直纺超细旦涤纶长丝专有技术体系，申请发明专利16项，授权4项，授权实用新型专利40项，计算机著作权1项，作为第一起草单位制修定涤纶长丝国家标准2项，参与制订4项。总体技术达到国际先进水平。

该项目实现了涤纶长丝生产规模与差别化、高品质与高附加值的统一，成为我国纤维行业转型升级与跨越式发展的标志，推进了化纤行业的科技进步，社会效益、经济效益显著。

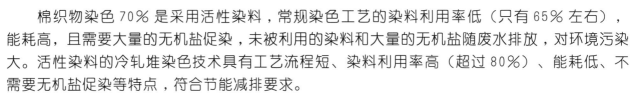

棉冷轧堆染色关键技术的研究与产业化

**主要完成单位：华纺股份有限公司、愉悦家纺有限公司、
江苏申新染料化工股份有限公司、天津工业大学**

棉织物染色 70% 是采用活性染料，常规染色工艺的染料利用率低（只有 65% 左右），能耗高，且需要大量的无机盐促染，未被利用的染料和大量的无机盐随废水排放，对环境污染大。活性染料的冷轧堆染色技术具有工艺流程短、染料利用率高（超过 80%）、能耗低、不需要无机盐促染等特点，符合节能减排要求。

冷轧堆染色技术一直难以适应我国具体的生产现状，在装备、工艺、染料等方面有许多关键技术没有得到突破，只能应用于纯棉深色厚型窄幅织物的生产，且产品疵病多，一次成功率不到 70%，返修率高，造成能耗和污染物排放大幅上升。此外国外冷轧堆染色技术工艺条件苛刻，需要保持恒定的温度（20−25℃），我国地域广阔，气候条件变化大，如参考国外冷轧堆染色技术对工艺温度进行控制，势必增加能耗。上述问题的存在，极大制约了冷轧堆染色技术的推广应用，导致冷轧堆染色产品的比重不足 2%。

该项目通过大量的理论研究和生产实践，对冷轧堆染色技术的设备、工艺、染料和助剂等进行了原始创新和集成创新，突破了冷轧堆染色的一系列关键技术并实现了产业化。项目研发了冷轧堆染色智能化装备，首次发现并实现了通过控制染液与布卷的相对温度保证产品质量，彻底颠覆了国外冷轧堆染色必须分别控制染液和布卷绝对温度的理论；创新性地研发了织物带液率及碱浓度自动检测调控系统、均匀混液循环调控系统、专用缝头装置和打卷张力自动控制系统。创立了全新的冷轧堆染色工艺体系，创新的打样方法具有快速、可靠、符样率高的特点，工艺配方数据库系统完整，发现了大小样配方修正规律，提高了工艺稳定性、可靠性和实际生产的快速反应能力。该项目建立了最佳工艺参数体系，首创了多组分纤维冷轧堆染色工艺，研发了高溶解度、高稳定性的系列活性染料和专用助剂。

该项目节能减排效果明显，极大的拓宽了冷轧堆染色工艺的产品适用范围，从只能生产纯棉深色厚型窄幅织物，发展为可生产多组分纤维、浅至特深色、薄至厚型、窄至宽幅等多种规格织物。总体技术达到国际先进水平，申请国家发明专利 10 项，获得授权 7 项；申请实用新型专利 1 项并获授权；发表论文 4 篇。

该项目的推广应用提高了我国印染行业节能减排和工艺技术水平，为我国印染行业的可持续发展起到了良好的示范作用和积极的推动作用。

高性能聚偏氟乙烯中空纤维膜制备及在污水资源化应用中的关键技术

主要完成人：张宏伟（天津工业大学）、刘建立（天津膜天膜科技股份有限公司）、
吕晓龙（天津工业大学）、李建新（天津工业大学）、
李新民（天津膜天膜科技股份有限公司）、王捷（天津工业大学）

我国是世界上水资源最匮乏的国家之一，人均水资源量居世界第109位，污水资源化是解决我国缺水现状的重要途径。污水回用处理主要采用化学混凝、生物处理、膜处理等技术，其中膜处理技术具有出水水质好、占地面积小等优势。但在应用中膜存在抗污染性差、使用寿命短、能耗高等问题，严重制约了膜法污水回用技术的规模化应用。

聚偏氟乙烯（PVDF）与聚砜、聚四氟乙烯、聚丙烯等膜材料相比，在抗污染性、膜加工性能、环境适应性等方面更为优异，最适用于污水处理复杂环境。现有膜制备技术未能有效解决纤维膜成孔控制机制的难题，使得膜通量小、强度低，膜分离装置运行能耗高、清洗效果差。该项目发明了高性能PVDF中空纤维膜制备技术，并基于此膜发明了高效低耗膜污水处理装置，发明了规模化应用中的膜污染控制技术，实现了高性能PVDF中空纤维膜法污水处理技术的规模化应用。

该项目主要技术发明点：（1）发明了高性能PVDF中空纤维膜制备技术。提出了微分相纤维皮层界面致孔成形机理，并将微量玻纤等引入PVDF成膜体系，解决了传统制膜方法无法兼顾大通量与高强度的世界性难题，实现了高性能PVDF中空纤维膜的产业化。（2）发明了高效率、低能耗污水回用连续膜过滤装置。开发了内置式双端产水和外置式气流振荡连续膜过滤技术，显著提高了装置产水能耗比和运行效率，使连续膜过滤装置能耗降低10～20%。（3）发明了高效率PVDF中空纤维膜生物反应器集成技术。成功地将高性能PVDF中空纤维膜组件与生物处理技术耦合，在降低能耗的同时有效提高了对难降解污染物的去除能力。（4）发明了高性能PVDF中空纤维膜污染控制技术。首次将超声监测技术与小波信号分析相结合，解决了中空纤维膜污染难以在线监测与控制的重大难题，发明的双向膜清洗技术克服了常规清洗无法有效清除膜内侧污染的弊端，显著提高了膜分离系统运行的效率和稳定性。

该项目具有自主知识产权，整体技术达到国际先进水平，获得授权发明专利18项，发表论文85篇，其中SCI、EI收录43篇，主持制订国家标准1项。

该项目已成功应用于化工、纺织、冶金、城市污水回用等领域，有效地削减了COD排放量，实现了污水资源化该。项目的推广应用全面提升了我国中空纤维膜制备及污水回用技术水平，为水资源的循环利用提供了新的有效途径。

碳／碳复合材料工艺技术装备及应用

主要完成单位：上海大学

碳／碳复合材料是用碳纤维增强碳基体的一种高技术新材料，具有优异的抗烧蚀性、抗热震性、高比强度及高温性能稳定等一系列特点，已成为先进固体火箭发动机（SRM）广泛采用的材料。1976年美国宣布碳／碳材料作为民兵Ⅱ MK-12弹头端头帽试飞成功以后，碳纤维织物编织技术和碳／碳复合工艺技术都处于严格的保密之中，其他西方国家也是如此。在这种条件下，只有通过自主研发以满足我国SRM对喉衬材料的需求。项目组自二十世纪七十年代开始进行碳／碳复合材料的研究，已研制成功多种碳／碳端头帽、碳／碳端头体和碳／碳喉衬。自2000年起，为配合我国新一代导弹SRM研制需要，项目完全采用国产原材料，依靠自主研发，在碳／碳复合材料工艺技术装备方面形成了一系列关键技术，研制了关键设备。主要创新包括：在独创的纤维网层叠接力式针刺工艺制成新型聚丙烯腈预氧化纤维（PANOF）整体毡增强骨架的基础上，采用化学气相渗透（CVI）和树脂浸渍复合工艺研制成功了整体毡碳／碳复合材料喉衬；对碳／碳材料CVI工艺过程进行了仿真模拟，优化了CVI工艺；研发了碳／碳材料复合工艺设备的计算机数字技术控制系统，完成了专用控制软件的研发，在国内该领域率先将由PC-PLC二级控制的技术应用于碳化及CVI工艺，实现了CVI工艺和碳化工艺的计算机自动控制。项目经专家鉴定认为：项目工艺先进可靠，产品质量稳定，具有创新性，总体水平达到国际先进。

该项目共申请国家发明专利3项，其中授权2项。研制的碳／碳喉衬材料批量生产用于我国军队武器装备，应用于我国二炮、海、陆、空战略战术导弹SRM多种型号，为某些重点型号的战略战术导弹提供100%的配套研制任务，为国防事业、军队装备提供了有力的保障。其中，部分碳／碳喉衬配套型号如XX-XX海军舰空导弹、XX-XX地空导弹（空军）、XX-XXX中程地地导弹、XX-XXX近程地地导弹等在国庆60周年阅兵式上首次展示。

该项目的研究成果－碳／碳喉衬材料为国防军工重点型号及航天工业用固体火箭发动机的发展提供了新型喷管喉衬材料，促进了固体火箭发动机的发展，为我国的航天事业和国防军工建设做出了重要贡献。

竹浆纤维及其制品
加工关键技术和产业化应用

主要完成单位：东华大学、河北吉藁化纤有限责任公司、苏州大学、吴江市恒生纱业有限公司、常州市新浩印染有限公司、浙江圣瑞斯针织股份有限公司

再生纤维素纤维原料由于长期以来以棉短绒、木材为主，针对我国棉田有限、森林资源匮乏的现状，寻求新的纤维素原料已成为必然。竹材生长周期短，成材速度快，并且我国竹材资源丰富，占全世界近三分之一，是发展再生纤维素纤维的全新原料途径。但采用竹材制备竹浆纤维及其制品存在一系列技术难题：竹浆粕甲纤含量低、灰份含量高；竹浆纤维强度低，白度离差大；纱线强力低，毛羽多，身骨软；产品染色易色花，色牢度低等，这些问题严重制约了竹浆纤维及其制品的产业化应用。

该项目在竹浆纤维及其制品加工关键技术方面进行了系统攻关并取得重大突破。研发了竹浆粕制备关键技术，开发了助剂增效预水解和蒸煮、低／高温两段处理以及强化酸处理与氯化漂白等系列技术，突破了竹浆粕甲纤含量提升、灰份含量降低、白度稳定控制以及反应性能提升等关键技术瓶颈，制备出高品质竹浆粕。研发了竹浆纤维制备关键技术，开发了专用二次浸渍、干法黄化、高效溶解、多级牵伸以及白度稳定控制等技术，制备出高质量竹浆纤维，并研制了细旦、阻燃等差别化竹浆纤维。研发了竹浆纤维纺织加工关键技术，开发了适用于竹浆纤维的纺纱关键工艺技术、紧密纺技术以及喷气涡流纺技术，解决了竹浆纤维易断裂、易产生有害毛羽、纱线结构过软等问题；研发了竹浆纤维纱线专用浆料，研制了平行打纬等关键装置，确保低强竹浆纱线的高效织造。研发了竹浆纤维织物染整加工关键技术，开发了双氧水／四乙酰乙二胺活化体系低温漂白新技术，有效提高了产品白度；优化染料系列及染色工艺，研发专用染料解聚剂并加强固色处理，提高织物匀染性和色牢度；开发了混纺交织物短流程染色技术，提高了产品同色性和色牢度；研发了竹浆纤维织物系列功能整理技术，赋予产品抗皱、硬挺、抗紫外、阻燃等功能。研究了竹浆纤维纺织品结构、性能及其相互关系，开发了竹浆纤维系列产品，实现了竹浆纤维在服装和家纺领域的产业化应用。

该项目共授权国家发明专利 7 项；发表论文 30 篇；制定行业标准 2 项，企业标准 4 项。竹浆纤维制备技术达到国际领先水平，竹浆纤维纺织印染加工技术处于国际先进水平。该项目对发展新型生态纤维原料、缓解纺织纤维资源紧缺、充分利用竹材资源具有积极意义，社会效益显著，对纺织行业的技术进步和产业升级起到重要的示范和推动作用。

大容量聚酰胺 6 聚合及细旦锦纶 6 纤维生产关键技术及装备

主要完成单位：北京三联虹普新合纤技术服务股份有限公司

锦纶 6 是吸湿、弹性、强度及亲肤等与天然纤维（棉花）性能最为接近的合成纤维，急需扩大规模，大力发展。然而经过 50 多年发展，我国锦纶 6 生产技术与装备仍徘徊于上世纪 90 年代初水平，单线产量低，日产仅 10-50 吨，成本居高不下，严重制约了锦纶 6 规模的扩大和高性能纤维的发展。究其根本原因（1）大容量、高性能锦纶 6 切片生产技术与装备的研发严重滞后，大容量关键技术被德国、瑞士等少数国家所垄断；（2）高性能锦纶 6 纤维，尤其是差别化、细旦品种制备的关键技术与装备特别缺乏，新技术和新装备集成度低，因此，我国急需以开发大容量聚酰胺 6 聚合及高性能纤维技术与装备为突破口，通过集成创新，扩大单线产能，降低生产成本，满足国家、民生对锦纶 6 "量"与"质"的迫切需求，摆脱长期依赖进口，推动我国锦纶 6 生产技术和装备的进步，这是该项目研发的关键所在。

该项目在研究己内酰胺固－液直接接触熔融传热动力学，己内酰胺聚合反应及分子量分布控制机理，切片萃取与干燥传热传质动力学基础上，（1）成功开发了大容量己内酰胺连续熔融技术，建立了分级反应、层级控制的聚合反应模型，设计了大容量聚合装备，首次研发了两步两塔法实现开环、加成和缩聚三步反应的聚合工艺，实现了单线日产 200 吨的大容量聚酰胺 6 聚合，分子量分布宽度仅为常规的 66%；（2）建立了切片萃取水流量、温度、浓度梯度等数学工程模型，开发了三级串联萃取工艺及装置；（3）发明了集三效蒸发、齐聚物分离、解聚为一体的单体全回收工艺，实现了世界最低的 1.001 己内酰胺单耗；（4）研发了与大容量聚合配套的细旦纤维生产关键技术与设备；（5）研发了整套控制软件，自主组态和编程，实现全流程的在线监控与质量控制。

该项目通过理论研究、工艺技术和装备的集成创新，首次突破了大容量聚酰胺 6 及其高性能纤维生产关键技术与装备，实现了大容量与高品质、恒物能耗、差别化，低投入的紧密结合。

该项目具有自主知识产权，整体达到国际先进水平。参与制定国家标准 1 项，获得授权专利共 20 项，其中发明专利 3 项。该项目的推广应用，开拓了锦纶 6 纤维应用市场，取得了显著的社会和经济效益。

功能吸附纤维的制备及其在工业有机废水处置中的关键技术

主要完成单位：苏州大学、天津工业大学、苏州天立蓝环保科技有限公司、邯郸恒永防护洁净用品有限公司

全球环境污染问题日趋严重，据国家环保部 2011 年公布数据，全国属于重点监控的工业有机废水污染企业达 3 万多家。含油性低分子有机物、水溶性染料等工业有机废水具有环境持久性、生物累积性、半挥发性、远距离迁移性及高毒性等，对水资源以及生态环境产生的严重危害，亟待有效遏制和解决。

传统的工业有机废水处置方法，包括活性炭吸附、絮凝、催化氧化等，处置过程中吸附速率低、吸附容量小或往往需添加很多化学试剂和产生大量淤泥并易造成二次污染、处置成本高，已不能满足环境治理及资源回收的要求，急需开发新型功能吸附材料及其处置技术。

由于纤维的比表面积大、吸附能力强、可制成多种形态制品等，所以功能吸附纤维用于工业有机废水处置的研发愈受关注。常规合成吸附树脂具有交联结构，不能用于制备纤维。就功能吸附纤维而言，纺丝成形时要求成纤聚合物为线性大分子结构，而吸附应用时则要求纤维具有交联结构。因此，制备具有交联结构的纤维材料也是纤维领域的世界性难题。

该项目自主研发了具有吸附功能结构的聚合物，采用特殊的纺丝成形和后交联技术，制备出对工业有机废水具有快速、大容量、选择性功能吸附的纤维材料，开发出系列功能吸附纤维及其非织造布产品和专用高效吸附－解吸附工艺与装备，形成了规模化治理工业有机废水的关键技术。主要包括：（1）攻克了含交联结构的有机物功能吸附纤维制备关键技术，突破了化学纤维只能具有线性大分子结构的传统观念；（2）开发了系列化、多样化有机物功能吸附纤维及其非织造布产品，拓展了合成吸油材料在工业有机废水处置中的应用领域；（3）独创了树脂型功能吸附纤维及其非织造布材料应用技术与集成装备，实现了工业有机废水治理与有机污染物资源化。

该项目"开发的具有交联结构纤维制备技术属原创性成果，创新点和特色之处突出，处于国际领先水平"，已获授权美国发明专利 1 项、中国发明专利 16 项、实用新型专利 1 项，发表 SCI、EI 收录论文 48 篇，开发的技术产品对工业有机废水中油性低分子有机物、水溶性染料等具有吸附速率快、吸附容量大、吸附选择性和持油性好以及可重复使用（100次以上）等特点，产品销往美国、英国、阿联酋等多个国家和地区。

该项目全面提升了工业有机废水的治理水平和有机污染物资源化利用率，对增强我国高新技术纤维制备技术的核心竞争力和产品开发与应用具有显著示范作用。

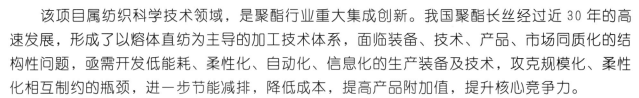

超大容量高效柔性差别化聚酯长丝成套工程技术开发

主要完成单位：桐昆集团浙江恒通化纤有限公司、新凤鸣集团股份有限公司、东华大学、浙江理工大学

该项目属纺织科学技术领域，是聚酯行业重大集成创新。我国聚酯长丝经过近 30 年的高速发展，形成了以熔体直纺为主导的加工技术体系，面临装备、技术、产品、市场同质化的结构性问题，亟需开发低能耗、柔性化、自动化、信息化的生产装备及技术，攻克规模化、柔性化相互制约的瓶颈，进一步节能减排，降低成本，提高产品附加值，提升核心竞争力。

在深入研究聚合、纺丝动力学和工程控制原理的基础上，开发超大容量低温高效均质低耗酯化技术、点阵式加热与机械－鼓泡组合搅拌技术、超大容量设备制备与安装工程技术，实现超大容量聚酯高效均质制备。开发多组分聚酯有机－无机协同改性技术，聚酯熔体管道改性技术，快速高效泵前注入改性技术，建立聚酯多重改性体系。开发双连续相、双头双排多孔、联体环吹、低张力与应力自动补偿等纺丝技术与 FDY 微油牵伸技术，提升聚酯纺丝的效率与品质。

开发大容量差别化聚酯纤维制备技术，实现亲水深染、高密度扁平、粗旦中强及混纤等纤维规模化生产。开发脱过热加热、酯化余热、废水及废气综合回收利用，大容量物流智能化等节能与物流工程集成技术，实现大容量聚酯纤维的低耗、环保、智能化生产。获授权发明专利 10 项，实用新型 35 项，发表国内外论文 11 篇。成果鉴定表明：总体技术达到国际领先水平。

项目率先建成一头两尾 40 万吨聚酯直纺装置，成功开发多孔、粗旦、中强、扁平等差别化涤纶长丝等省级以上新产品 58 个。

连续聚酯和直纺长丝吨产品综合能耗分别达到与废丝率指标，明显优于国际先进指标（HJ／T 429-2008 一级指标），累计节约标煤 48.6 万吨，减少二氧化碳排放 126.4 万吨。实现了低能耗与高品质、低成本与高附加值的协调统一，在化纤行业节能减排、自动化和信息化"两化融合"、转型升级等方面起到引领和示范作用，经济效益、社会效益显著。

丝胶回收与综合利用关键技术及产业化

主要完成单位： 苏州大学、鑫缘茧丝绸集团股份有限公司、浙江理工大学、
苏州膜华材料科技有限公司、湖州南方生物科技有限公司、
湖州澳特丝生物科技有限公司、兴化市大地蓝绢纺有限公司

我国是丝绸大国，每年生产约 15 万吨生丝，脱胶过程中将产生 3.5 万多吨丝胶。含有大量丝胶的精练废水直接排放，导致排污废水 COD 值超标，最高的真丝精练废水 CODCr 值高达 8000－35000mg／L；同时大量宝贵的丝胶蛋白资源也被浪费。丝胶蛋白含有 18 种氨基酸，是水溶性球状蛋白质，丝胶具有良好的生物相容性、降解性，以及有优异的护肤功能，回收提纯的丝胶可作为纺织品的功能性整理剂，亦可应用于化妆品、食品、医疗、生物材料、饲料等领域，推进桑蚕资源综合利用和提高桑蚕副产品的附加值。

该项目针对以往丝胶回收方法丝胶回收率较低的不足。项目在研究发明了多种强度高、通量大、抗污染能力优良的，适用于废水处理的中空纤维膜的基础上，利用丝胶蛋白的两性性质，研究发明了等电点沉淀技术与超滤和纳滤处理技术相结合的一体化脱胶废水处理和丝胶回收技术，设计了丝胶回收的工艺流程，减轻超、微滤膜的处理负荷，很好地解决了回收过程中超滤膜的污染与堵塞技术难题；研制了占地少、工作效率高的丝胶回收专用装备，实现了丝胶的高比例回收，具有极高的经济效益和节能减排效果；系统研究了影响丝胶粉内在质量的因素，发明了 5 种提纯制备易溶丝胶粉的方法，与传统的茧衣制备丝胶粉相比，较大地降低了成本；发明了多种以丝胶为原料的深加工产品，已成功地用于中华鲟、河豚等特种养殖的饲料，日用化学品原料、生物培养基以及织物功能性整理，研究了丝胶功能性整理的关键技术，解决了处理后织物丝胶溶失率高的难题，促进了丝胶产品的综合利用。

该项目整体技术水平达到国际先进水平，获授权发明专利 14 项，发表论文 48 篇，其中 SCI、EI 收录论文 22 篇。开发的产品分别在江苏中润农业发展有限公司、南通缘生堂生物科技有限公司和江苏新芳科技集团股份有限公司用于特种水产养殖（中华鲟、河豚）的饲料、日用化学品以及羊绒织物的涂层整理。该项目成果解决了我国传统优势产业－丝绸废水处理和丝胶回收的关键技术难题，减少了排污，实现了废弃资源利用，对于茧丝绸行业实现可持续发展具有十分重要的意义，具有巨大的经济效益和社会效益。

新型共聚酯 MCDP 连续聚合、纺丝及染整技术

主要完成人：顾利霞（东华大学）、何正锋（上海联吉合纤有限公司）、
蔡再生（东华大学）、王学利（东华大学）、
杜卫平（上海联吉合纤有限公司）、邱建华（上海联吉合纤有限公司）

我国聚酯纤维产量占世界总量 70% 以上，但同质同构化严重，亟需解决功能化大容量聚酯连续聚合关键技术。改进聚酯纤维的染色性、舒适性一直是聚酯纤维功能化重要方向，国内外先后研制了 CDP、ECDP 等改性聚酯纤维，但 CDP 中三单 SIP 含量少，须高温高压染色，ECDP 是常压可染共聚酯，但四单 PEG 存在醚键，耐热性较差，这些使共聚酯纤维和织物性能受到限制，严重制约了聚酯纤维改性技术的推广应用和制品开发。该项目针对聚酯纤维功能化需求，在国家科技支撑计划支持下，以柔软、易染、抗起球等纺织品为目标，取得了一系列原创成果。

该项目主要技术内容：1. 发明了新型共聚酯 MCDP 的结构设计和聚合调控技术。基于空间位阻和染色高效协调改性，精选带侧甲基丙二醇（MPD）为四单、间苯二甲酸乙二醇酯磺酸钠（SIP）为三单、Sb（Ⅲ）复合物为催化剂，通过聚合工艺调控，抑制了三单的自催化和离子聚集效应，发明了结构均匀、可纺性好、常压易染的新型共聚酯 MCDP。2. 创建了大容量连续聚合 MCDP 及其柔软易染纤维纺丝关键技术。首次实现新型共聚酯 MCDP 的大容量连续稳定生产，解决了三单、四单浓度局部涨落、分散不匀工程难题；创建了熔体直纺短纤和切片高速纺长丝技术，研发了细旦、超细旦、潜在卷曲、地毯用 BCF 等系列柔软易染纤维。3. 突破了 MCDP 纤维纺织品染整新工艺。建立了 MCDP 纺织品常压深染、中浅色匀染和定型新工艺。设计、开发了集柔软、高染色牢度和抗起毛起球性于一体的六大类舒适性面料和印花地毯。

该项目获授权中国发明专利 10 项，申请国际发明专利 3 项。形成了具有自主知识产权的新型共聚酯、纤维与染整技术体系。发表论文 10 篇，其中 SCI/EI/ISTP 收录 6 篇。总体技术达到国际先进水平，多元共聚酯共聚单体精选、实现大容量连续聚合、熔体直纺短纤、高速纺长丝、实现纤维常压易染性和柔软性的结合、常压染深黑色、染色饱和值可控、色牢度高、不需碱减量、节能减排效果显著居国际领先地位。

应用该项目技术建立了聚合、纺丝、织造、印染、服装产业链，取得了显著的经济和社会效益。对大容量聚酯连续聚合和直接纺丝功能化起到引领和示范作用，推动了整个产业链各个环节的技术进步。

筒子纱数字化自动染色成套技术与装备

主要完成单位： 山东康平纳集团有限公司、机械科学研究总院、
鲁泰纺织股份有限公司

筒子纱染色不仅是高档色织面料的基础，也是针织等行业色织产品不可缺少的前道工序。传统筒子纱染色工艺复杂、流程长，基本上靠技术人员和人工操作执行，导致因染纱品种繁多而排产难，染料计量波动大且稳定性差，染色一次合格率通常仅为80％以下，水耗、能耗、污水排放量高，劳动强度大。因此，人为因素的影响和自动化程度低已成为筒子纱染色行业迈向现代化的重大瓶颈。但筒子纱染色全过程数字化自动化的实现存在工艺参数多、反馈控制复杂、纱线自动装卸易受损、染料助剂精准计量输送难、生产线成套装备自动精确控制等系列技术难题。

该项目通过多年的系统技术攻关及应用研究取得了重大突破，创新研发出筒子纱数字化自动染色工艺、生产流程自动化成套装备、生产全过程自动控制技术，首次实现了筒子纱染色从原纱到成品的全过程数字化自动生产。主要包括：（1）创建了筒子纱自动化染色工艺数学模型，创新研究出从原纱到成品的全过程数字化中央控制自动染色工艺技术，建立起百万组工艺数据库；（2）创新研制出基于中央控制的筒子纱立式自动染色机、粉状助剂精确计量及干式输送系统、纱线无损柔性装卸机器人及多功能智能装运天车等数字化自动染色成套技术及装备；（3）创新开发出包括筒子纱自动染色全流程在线检测及反馈控制、全过程自动化生产控制管理、生产线安全可靠运行的中央自动化控制系统。在成套技术及装备创新开发基础上，创建了筒子纱数字化自动高效染色生产线，实现了筒子纱间歇式生产流程的全线控制，建立起筒子纱数字化自动染色车间，实现了筒子纱染色从手工机械化、单机自动化到全流程数字化、系统自动化的跨越。染色质量重现性好，一次合格率由80％提高到95％以上，生产效率提高10％-15％，吨纱平均节水27％，节约用工70％以上。

该项目申请专利54项（国际发明5项），获授权专利25项，其中授权发明专利7项。登记软件著作权12项，制定企业标准5项。筒子纱数字化自动染色方法及工艺、基于中央控制的筒子纱自动染色成套技术设备及生产线达到国际领先水平。

该项目推动了筒子纱染色行业的现代化具有极其重要的意义，并且其关键技术还可应用于面料印染行业。推进了印染行业数字化、绿色化、智能化进程，对纺织行业技术进步和产业升级具有重要推动作用，经济社会效益显著，推广应用前景广阔。

高效能棉纺精梳关键技术及其产业化应用

主要完成单位：江苏凯宫机械股份有限公司、中原工学院、江南大学、
上海昊昌机电设备有限公司、河南工程学院

精梳是纺织产品高档化的重要手段，国家"纺织行业振兴和调整规划"将"扩大精梳纱产品的比重、推广高档精梳纱线"作为纺织工业的战略目标。从2009年到2012年，我国精梳纱的比重由24%增加到31%。但随着精梳产品比重的增加，精梳用棉低品级趋势及精梳纱低支化趋势越来越明显，国内外精梳机难以适应原棉品级及精梳纱支的变化。由于棉纺精梳机主要机件运动配合精准性及传动系统的复杂性，国产精梳设备未能在高速高效等关键技术方面取得突破，高端精梳设备的市场一直由瑞士立达公司垄断，精梳纱的生产成本高、效益低。

该项目针对上述技术瓶颈问题，开展产学研合作攻关，获得了以下创新成果：（1）独创锡林大弧面梳理技术，实现了高效梳理：通过分析椭圆齿轮偏心率对梳理过程、时间及与运动部件配合的相关性，建立了精梳机锡林弧面梳理的数学模型，开发出锡林椭圆齿轮变速机构，突破了高精度椭圆齿轮等核心部件的关键加工技术，大幅度扩展了锡林梳理弧面。（2）建立了多目标综合优化模型，实现了多系统高速运行及精准配合：综合应用机构运动学、动力学及有限元分析方法，对精梳机的多个系统运动部件及结构进行仿真，优化高速机件的动平衡设计，有效降低了高速复合运动部件的加速度与转动惯量，实现了精梳机的高速运行。（3）开发了纤维长度柔性适应技术，扩展了纤维长度的适纺范围：揭示了精梳机分离机构运动模式与纤维长度间相关性与规律，发明了可调式给棉罗拉装置，开发了新型分离罗拉传动系统及牵伸机构，扩大了精梳机对原棉品级及纤维长度的适纺范围。

以上创新集成的高效精梳设备，最高车速由原来380钳次／分提高到520钳次／分（国外为500钳次／分），锡林梳理时间由10分度减为6分度，锡林梳理弧面由原来的90°扩展为110°及130°（国外均为90°），锡林梳针总数由3-4万齿增加到5-7万齿；精梳可纺纱由原来的高支纱扩展到中低支纱，原棉品级由原来的1-2.5级（国外技术）扩大到1-4级，适纺纤维最短长度由25mm（国外技术）扩展到22mm；与原有机型相比节能9.9%；设备价格约为国外进口的三分之一。该项目整体技术水平达到国际先进水平，在高效节能精梳技术及锡林变速梳理技术等方面达到国际领先水平。

新型熔喷非织造材料的关键制备技术及其产业化

主要完成单位：天津工业大学、天津泰达洁净材料有限公司、
中国人民解放军总后勤部军需装备研究所、宏大研究院有限公司

熔喷非织造技术是高效生产和加工产业用纺织品的重要手段，工艺流程短、生产效率高，其产品具有纤维超细、比表面积大、孔隙率高等特点，在医卫防护（雾霾、禽流感等）、保暖隔热（高寒防护、高温绝热等）、吸音降噪等领域具有独特的优势。

然而，现有熔喷技术及其产品仍存在以下亟待解决的关键技术难题：（1）熔喷超细纤维非织造材料作为过滤材料无法同时兼具高过滤效率与低阻、高容尘量的难题；（2）熔喷纤维超细、纤网蓬松导致产品抗拉、抗压、耐磨等力学性能不足；（3）国产熔喷设备幅宽窄、能耗大、产能低，已成为制约我国熔喷技术及产品发展的瓶颈。

针对上述难题，该项目以多维度复合技术为核心，形成了纳米掺杂双组分熔喷、短纤插层和层间复合等多项具有自主知识产权的新型熔喷非织造材料制备技术，实现了熔喷非织造材料的高效低阻、高弹耐压、抗拉耐磨、产品多样化以及宽幅熔喷装备的国产化。主要创新点如下：（1）攻克了纳米掺杂双组分熔喷耐久驻极纳微纤维非织造材料制备技术，揭示了电荷储存机制和驻极材料过滤机理，实现了高效、低阻熔喷非织造过滤材料的产业化。（2）开发了短纤插层复合熔喷非织造材料制备技术，攻克了短纤维气流输送与可控分布的技术难题，实现了高弹耐压复合熔喷非织造材料的产业化。（3）研发了层间复合协同增效熔喷非织造材料制备技术，解决了复合过程中张力匹配和层间粘接等技术难题，实现了复合熔喷非织造保暖材料产业化，装备全军部队。（4）研制了多级熔体压力分配衣架式熔喷模头和快装式纺丝组件，解决了宽幅熔喷设备中气流均匀分布与多气流的匹配平衡问题，实现宽幅熔喷装备的国产化。

该项目申请国家发明专利 22 项，其中授权 10 项，获得实用新型专利 12 项；发表科技论文 66 篇，其中 23 篇被 SCI、EI 等收录。成果广泛应用于高效过滤、医卫防护、汽车隔音、军用保暖等领域，产品远销欧美，在非典、甲流等重大公共突发事件中发挥了积极作用；系列保暖材料已装备全军部队，极大地提升了我军的单兵机动能力；宽幅熔喷装备打破了国外企业的垄断，设备取得了显著的社会和经济效益。该项目实施显著提升了我国熔喷非织造技术和装备水平，拓展了非织造材料应用领域，提高了产品的国际竞争力。

PTT 和原位功能化 PET 聚合及其复合纤维制备关键技术与产业化

主要完成单位：盛虹控股集团有限公司、北京服装学院、江苏中鲈科技发展股份有限公司

该项目通过理论研究、工艺技术和装备的集成创新，开发出具有自主知识产权的 PTT 聚合、多功能 PET（简称 MFPET）原位聚合关键技术及装备，进一步攻克了 PTT/MFPET 复合纺丝的技术难题，研发出系列多功能一体化聚酯纤维，实现了高品质纺织品从聚合物源头到终端产品的国产化，打破国外技术封锁。主要技术内容：

1. 突破了 PTT 和改性 PTT 聚合成套技术。在深入研究 PTT 聚合机理及反应动力学基础上，自主研发出高效钛－锡复合催化剂和新型稳定剂，创新设计返流程酯化、低温缩聚工艺流程，发明水下切粒与缓释结晶结合技术，攻克副产物的分离与回收技术，催化剂用量降低 40%，副产物减少 60%，节能 35%，建成我国首条自主知识产权 PTT 聚合生产线，填补了国内空白。

2. 攻克了大容量多功能 PET 原位聚合及熔体直纺关键技术。创建异质协效原位功能化和粉体锚固链修饰、旋流匀化分散技术，设计温度梯度控制的三釜酯化及双鼠笼搅拌缩聚釜，攻克了复合功能化导致的纤维成形加工困难的技术壁垒，进一步开发高压、高剪切大容量熔体直纺技术，成功制得防透视、抗紫外、抗静电及吸湿等多功能一体化聚酯及其纤维。

3. 基于自主研发的 PTT 和 MFPET，研发出双组分高粘度差复合纺丝核心技术。创新设计专用纺丝螺杆及组件，开发了双螺杆高温度差熔体挤出工艺，解决了高粘度差导致的可纺性差、纤维截面异构等技术难题。开发出双色效应、吸湿、抗静电、抗紫外等多功能一体化弹性聚酯纤维。

该项目已授权美国专利 1 项、中国发明专利 16 项、实用新型专利 8 项；发表论文 32 篇；起草国际标准 1 项、国家及行业标准 4 项、企业标准 6 项。整体技术及质量指标达到国际先进水平，部分技术达国际领先。

该项目已建成我国首条具有自主知识产权的 3 万吨／年 PTT 聚合生产线、全球首条 25 万吨／年全消光多功能 PET 熔体直纺生产线及全球最大的 5 万吨／年 PTT/MFPET 双组分多功能纤维生产线，开发出 PTT、改性 PTT、MFPET 及其系列化多功能聚酯纤维。产品已出口欧、美、日、韩等国家和地区，经济和社会效益显著，为我国聚酯产业结构调整、产品升级换代和技术进步起到引领示范作用。

高精度圆网印花及清洁生产关键技术研发与产业化

主要完成单位：愉悦家纺有限公司、天津工业大学、青岛大学、天津德凯化工股份有限公司、山东同大镍网有限公司、福建省晋江市佶龙机械工业有限公司、山东黄河三角洲纺织科技研究院有限公司

圆网印花是世界上生产效率最高的印花技术，全球 70％ 以上的印花产品采用圆网印花生产，其生产速度是平网印花的 2~3 倍、数码印花的 100 倍以上。但传统圆网印花精度低、色彩空间小、品种范围窄，产品附加值低，能耗水耗高，一次成功率只有 85％，严重阻碍着圆

网印花的技术进步。因此，研发高精度圆网印花与清洁生产技术是纺织印染行业转型升级的重大任务。由于受织物组织结构、生产工艺条件、系列设备精度、自动化控制和化学品质量等诸多因素影响，实现高精度圆网印花必须突破全流程生产工艺和装备、专用化学品和数字化生产管控等重大技术难题。

该项目通过多年的系统技术攻关，突破了高精度圆网印花的技术瓶颈，进一步发挥了圆网印花生产效率高的优势，自主创新研发出高精度圆网印花与清洁生产成套技术和装备，主要技术内容包括：（1）研究了流体渗透、点阵混色叠加、活性基反应动力学等对高精度印花的影响规律，创建了由百万个数据组成的生产工艺数据库，研发出从前处理到后整理的全流程高精度印花清洁生产工艺技术。（2）创建了生产过程色浆流变模型，研发出活性染料、印花糊料、感光胶等专用化学品，突破了高精度镍网和花版制备技术。（3）研究开发了圆网印花、前处理、后整理等关键装备及装置，实现了高精度印花生产的高速可靠运行。（4）创新研发了色彩管理系统、生产管理系统、物料自动配送系统和在线监控系统，实现了全流程生产过程的数字化管控。

在成套技术及装备创新开发的基础上，创建了高精度圆网印花与清洁生产全流程生产线，首次实现了基于混色叠加原理的高精度圆网印花，突破了传统圆网印花的精细度极限，精度提高一倍多，生产出具有写真效果的印花产品，极大地拓展了圆网印花的品种范围，大幅度提升了产品质量和附加值。

该项目申请专利 47 件，其中授权国家发明专利 25 件，授权实用新型专利 19 件，发表学术论文 5 篇，整体技术达到国际先进水平。该项目已在多家企业得到推广应用，产品得到国内外知名企业的广泛好评，经济社会效益显著，提升了我国纺织印染行业的整体竞争实力。

纺织科学技术奖
获奖项目目录及简介

（已获国家科技奖的项目不再重复介绍）

2009 年度中国纺织工业协会科学技术进步奖获奖项目
壹等奖

序号	项目名称	主要完成单位	主要完成人
1	柔性复合纤维（短纤、长丝）成套装备及产品集成化研究	深圳市中晟纤维工程技术有限公司、东莞市新纶纤维材料科技有限公司	侯庆华、戴 玲、陈丹红、张庆林、连宏光、曹蕴敏、杨腊花、吴娅妮、杨佳健、潘宇明、邓 佶、曹春朴、胡明礼、赵 竞、杨忠宏
2	聚间苯二甲酰间苯二胺纤维与耐高温绝缘纸制备关键技术及产业化	东华大学、圣欧（苏州）安全防护材料有限公司、广东彩艳股份有限公司	胡祖明、陈 蕾、钟 洲、陈伟英、刘兆峰、于俊荣、潘婉莲、诸 静
3	国产聚苯硫醚树脂、纤维产业化成套技术开发与应用	四川得阳科技股份有限公司、中国纺织科学研究院	黄 庆、代晓徽、崔 宁、李 炎、徐鸣风、戴厚益、李 杰、蒋经伟、吴鹏飞、吴声伟、史贤宁、李 勇、白 瑛、张 勇、张尧年
4	耐高温、低甲醛正构烷烃微胶囊及熔纺储热调温纤维的研究与开发	天津工业大学、天津工大功能纤维材料开发中心	张兴祥、王学晨、牛建津、韩 娜、张 华、樊耀峰、李 伟
5	低扭矩环锭单纱生产技术及其应用	香港理工大学、香港中央纺织有限公司、湛江大中纺织有限公司、湛江中湛纺织有限公司	陶肖明、徐宾刚、郑致平、华 涛、黄家祺、杨 昆
6	舒适性超薄苎麻面料系列关键技术研发及其产业化	湖南华升洞庭麻业有限公司、东华大学	荣金莲、程隆棣、袁力军、李毓陵、严桂香、揭雨成、俞建勇、黄云晴、柳 红、柳正宾、宋学军、陈继无、尹国强、何 文、叶戬春
7	黄麻纤维精细化与纺织染整关键技术研发及产业化	东华大学、江苏紫荆花纺织科技股份有限公司、苏州摩维天然纤维材料有限公司	俞建勇、刘国忠、程隆棣、张熙明、蔡再生、张振华、刘丽芳、钱竞芳、王学利、姚建刚、黄莉茜、李毓陵、曹宝发、张振耀、刘建叶
8	数字化经编生产的关键技术研究与应用	江南大学	蒋高明、夏风林、丛洪莲、缪旭红、张 琦、张爱军、宗平生
9	数字化地毯簇绒系列成套装备	东华大学、浙江东方星月地毯产业有限公司	孙以泽、孟 婵、窦秀峰、胡定坤、孙志军、顾洪波、陈广锋、孙菁菁、徐 洋、陈玉洁、王福文、王飞杭

贰等奖

序号	项目名称	主要完成单位	主要完成人
1	机织物退染一浴法染整新工艺	石狮市万峰盛漂染织造有限公司	郑焕卯、李接代、杨远辉、刘建、葛永、朱志荣、李中枝、王亮波、瞿伦中、谢建明
2	多频超声节能印染加工关键技术及产业化研究	江南大学、无锡南方声学工程有限公司	王树根、范雪荣、卢平、武晋、田秀枝、吕珏、王强、王平
3	非洲花布的无蜡防印生产新技术	青岛凤凰印染有限公司	戴守华、吴晓飞、王福善、于颖、刘书庆、王岩、于龙基
4	舱外航天服暖体假人系统	东华大学、中国航天员科研训练中心	张渭源、陈益松、谢广辉、李俊、李学东、杨旭东、卫兵、崔齐、李敏、杨凯
5	新型高模量低收缩聚酯工业丝及其浸胶帘子布	无锡市太极实业股份有限公司	姚峻、许其军、季永忠、程辉、陆福梅
6	阻燃性多功能汽车用合成革的研究与产业化	烟台万华超纤股份有限公司	徐德胜、李革、曹培利、兰心宝、赵春湖、王荣、吴发庆、刘宗强、于复海、王邵伟
7	产业用新型机织除尘过滤材料关键技术的研发和应用	上海火炬产业用纺织品有限公司	陈志华、杨敏、杨广平、吴光玉、华里发、汪永明、李纪文、程伟建、张雅仙
8	宽幅聚四氟乙烯膜及复合材料	青岛即发集团股份有限公司	陈玉兰、杨为东、黄聿华、林成兵、孙田福、栾爱先、武玉勤、崔海世、万国晗、杨向贤
9	高产节能水刺及复合非织造布生产线	郑州纺织机械股份有限公司	刘延武、杨洪涛、崔卫华、魏宇晓、柏建国、王建华、王伟峰、白莹、王晓雨、李辉
10	宽幅熔喷非织造布设备及工艺技术	宏大研究院有限公司	刘玉军、安浩杰、肖小雄、侯慕毅、许丽娅、李林、徐华良、许洪哲、梁占平
11	超细纤维高仿真合成革研究开发	浙江省产业用纺织品和非织造布行业协会、杭州海曼实业有限公司、杭州路先非织造股份有限公司、浙江中汇纺织工业有限责任公司、浙江禾欣实业股份有限公司、嵊州泰锦服饰有限公司	赵竞、张芸、皇甫明灿、顾建慧、孙嵘、张文中、施淑波、卢雪飞、裘红、唐晨
12	镍氢非织造电池隔膜的产业化及应用开发	天津工业大学、天津和平海湾电源集团有限公司	焦晓宁、杨世明、程博闻、任元林、彭富兵、阮艳莉、康卫民、庄旭品、刘亚、王兴贺
13	多功能保温弹衣技术研究与开发	中国纺织科学研究院	雷同宝、王京红、张彩霞

贰等奖

序号	项目名称	主要完成单位	主要完成人
14	面向应用过程的有机／无机纳米纤维制备与功能研究	北京服装学院、北京化工大学	李从举、付志峰、杜中杰、赵国樑、傅吉全、王娇娜
15	高性能纯壳聚糖纤维的研究	山东华兴海慈新材料有限公司	周家村、马建伟、胡广敏、徐爱清、周永峰
16	自粘复合法系列多功能纤维技术	江苏新民纺织科技股份有限公司、苏州大学	戴建平、戴礼兴、徐翔华、杨晓春、王超、徐秋明、王耀荣、王建军、严明
17	低温高效提纯降解工艺生产溶解浆	宜宾长毅浆粕有限责任公司	薛勤、徐发祥、刘爱兵、虞良福、谢鹏、蒲运龙、竭发全、于渭东、黄俊、陈昌明
18	高效多头超细复合纤维（海岛型）成套装备技术及产业化	大连合成纤维研究设计院股份有限公司、张家港保税区长江塑化有限公司	郭大生、邵庆德、郭群、戴国良、高志勇、刘政、于丽娜、谢利庆、马铁铮、张辉
19	多色系涤纶牵伸长丝 FDY（DT）免上浆生产技术及产品开发	浙江华欣新材料股份有限公司	曹欣羊、钱樟宝、刘万群、周全忠、许文群、赵江峰、段霖、王治国、严忠伟、汪森军
20	高性能锦纶 6 全消光切片技术及其应用	广东新会美达锦纶股份有限公司、五邑大学	梁湛潮、毛新华、狄剑锋、简锦炽、陈惠玲、杜文琴、石振东、齐宏进、赵晓明、钟卫民
21	PTT 复合改性纤维开发及应用	辽阳汇嘉化纤有限公司	周峰、周萍、李剑锋、王斌、闫继斌
22	涤纶一步法分纤母丝纺丝设备及工艺技术的开发	北京中丽制机工程技术有限公司、吴江精美化纤有限公司	仝文奇、范云峰、张明成、陈立军、范水林、吴寿军、李立、吉春芝、张敏、张丙红
23	细旦超薄合纤织物的开发与研究	吴江福华织造有限公司	肖燕、李海燕、周杰、鲁宏伟、吴庆
24	传统手工雕绒绣工业化技术及产品的研发	文登市芸祥绣品有限公司	王忠胜、田世科、石鹏、丛晓燕、黄新红、杨丽丽
25	柔软保暖型空心纱加工技术研究	南通纺织职业技术学院、南通英瑞纺织有限公司	张进武、马晓辉、邹亚玲、高锦国、徐晓红、邓蓉蓉、张曙光、耿琴玉、姜丽华、施锦云
26	可喷淋护理面料及服装的研制与开发	江苏阳光股份有限公司	陈丽芬、赵先丽、马秀华、赵维强、费根娣、郁建平、陶克
27	毛纺织物洗呢生态加工关键技术研究	东华大学、江苏澳洋纺织实业有限公司、上海德桑精细化工有限公司	何瑾馨、许慧、顾志安、邹黎明、曹万里、黄红芬、惠武、俞丹、陶建新、田园

贰等奖

序号	项目名称	主要完成单位	主要完成人
28	宽幅机洗乔其绉的研发与产业化	达利丝绸（浙江）有限公司	林 平、俞 丹、洪 芳
29	桑蚕茧质量智能测试新技术及设备	四川省丝绸科学研究院	陈祥平、范小敏、刘季平、王建平、黎 钢、古晓曼、傅 晓
30	高档功能家纺产品的开发与清洁生产	孚日集团股份有限公司	门雅静、马贵忠、蔡文言、鹿秀洁、于希萍、卞立军、王 军、呼 嵩、周吉柱
31	纺织服装色彩应用工具研究开发	中国纺织信息中心	孙瑞哲、梁 勇、胡 松、胡发祥、张 玮、齐 梅、黄 艳、陈惠娥、张惠山、赵淑玲
32	棉尼龙免烫弹力色织面料研究与开发	鲁泰纺织股份有限公司	王方水、张建祥、任纪忠、邢成利、吕文泉、郑桂玲、杜立新、鲁 强
33	吸湿快干系列产品开发及产业化	冠宏（中国）有限公司、绍兴中纺院江南分院有限公司	陈新民、庄小雄、潘菊芳、朱俊伟、陈国平、程学忠、井连英、徐 憬、廉志军、崔桂新
34	轻薄型阻燃隔热、防水透气复合面料的研发与应用	上海服装集团进出口有限公司	朱毅峰、谷 平、徐慧君、徐企成、吴光玉、顾震岳、陈 辉、孙 俊、奚宏文、万明华
35	自清洁自粘功能性装饰墙布生产关键技术及开发	西安工程大学	武海良、沈艳琴、李冬梅、吴长春、钱 现、吕灵凤、杨佩鹏
36	牛仔布有机硅润湿剂高压喷射润湿预缩新技术及其产业化	淄博兰雁集团有限责任公司、青岛求实职业技术学院	宋桂玲、姜宜宽、王 伟、李新民、张立勇、谈大勇、李 蕊、葛丽涛、胥 涛、张明君
37	新颖含丝复合纤维面料环保染色技术应用研究	浙江理工大学、杭州喜得宝集团有限公司	沈一峰、赵之毅、韩 建、王柏忠、林鹤鸣、樊启平、杨爱琴
38	甲壳胺纤维与棉混纺纱染色技术开发	浙江理工大学、杭州天奇印染有限公司、苏州大学	吴明华、戚栋明、杨 雷、易玲敏、杜维强、刘军华、汪 澜、唐人成
39	活性染料一步法无盐染色、印染废水深度处理及中水回用技术	常州市东霞纺织印染有限公司、东华大学、上海环境科学研究院	黄兴泉、蔡再生、张明友、赵亚萍、李振新、薛士东、薛晓宇、徐丽慧、鲁积刚、朱文英
40	九单元高架烘房预湿浆纱机	盐城市宏华纺织机械有限公司	卞东柱、王国祥、束长青、朱成山、沈金华、李 晋、戚秀红
41	RFRL30型高速剑杆织机	山东日发纺织机械有限公司	李子军、王方昌、王 莉、路玉光、张争取、赵焕云、姜 英、李乐东、吉学齐、侯兆冲

贰等奖

序号	项目名称	主要完成单位	主要完成人
42	高效节能、环保型数字化连续染色机、丝光机	江苏红旗印染机械有限公司、江南大学	戴家声、周宏军、李昭荣、范雪荣、王 平、王树根、王建平
43	DTM129D 型数控细纱机	东飞马佐里纺机有限公司、江苏省东飞马佐里纺织机械工程技术研究中心有限公司	朱 鹏、张 静、曹小华、王 平、王婵娟、高 翔、何 斌、严红霞、郭 恒、薛伟国
44	CJ60 型棉精梳机	上海一纺机械有限公司、东华大学	严纪琴、王生泽、张慧芳、张奇平、李 华、尤长根、金政贤、周小兰
45	HY310G 高速超细化纤倍捻机	绍兴县华裕纺机有限公司	刘光容、钱立锋、童珈珈、何才新、王旭强、曹征兵、朱曰春
46	JSFA388 型高效能精梳机的研发	江苏凯宫机械股份有限公司	苏善珍、刘锦海、窦国平、李学良、钱建新、郭俊勤、苏延奇
47	GE210 型高精度伺服拷贝整经机	常州市第八纺织机械有限公司	马 斌、谈良春、蒋国中、陈 龙、谢雪松、刘勇俊、蒋慧敏、刘 芳
48	JWF1207 型梳棉机	青岛宏大纺织机械有限责任公司	耿佃云、徐晓睿、车社海、冯陈顺、姚 霞、杨丽丽、李界宏、王思友、谢金廷、贾存平
49	用于轮胎帘子线一步法加捻的大卷装 K3501B 型直捻机研发	宜昌经纬纺机有限公司	陆国兴、杨华年、潘 松、杨华明、汪 斌、许金甲、张金鹏
50	印染企业管理、监控综合信息系统	华纺股份有限公司	王力民、盛守祥、赵奇生、王国栋、陈立博、许瑞臣、于诗辉
51	服装信息化共享平台的建设与创新	杭州爱科电脑技术有限公司、江南大学	徐圆圆、方小卫、沈 雷、李 颖、何文戟、黄红星、于 艟、尉海玲、於叶飞、贺义军
52	F18-133S 型电脑横机的研发	浙江飞虎机械制造有限公司、浙江大学、杭州致格智能控制技术有限公司	鲁献荣、徐 斌、杨克已、徐月同、吴华盛、胡荣杰、夏利兴
53	GE296D-EL/J 全自动无缝内衣经编机	常州市武进五洋纺织机械有限公司	王敏其、赵志初、周文进
54	RCD-1 型多轴向经编机	常州市润源经编机械有限公司、东华大学	王占洪、陈南梁、肖 叶、黄 骏、顾彩秀、钟 璞、刘莉萍、隆正祥、朱晓宏、金建光

叁等奖

序号	项目名称	主要完成单位	主要完成人
1	皮芯型双组份复合纺粘法非织造布成套设备研制开发	上海市纺织科学研究院、上海太平洋纺织机械成套设备有限公司	邹荣华、倪福夏、沈文杰、杨国庆、王仁刚、姚克明、张根杰
2	高性能微消光缝纫专用涤纶丝的研究	桐昆集团股份有限公司	陈士南、李红良、朱根荣、李国元、俞洋、钮汉秋
3	多维导湿及广谱抗菌健康环保纤维的制备技术研究	上海兴诺实业有限公司	赵丹青、张复全、王帅栋、倪其洲、杨慧蔚
4	载银抗菌聚酯短纤维关键技术集成开发	中国纺织科学研究院、中石化天津分公司	杨喆、张勇、李琳、王建中、钟淑芳、刘秀清、李杰
5	棉纺多倍捻技术及其应用	武汉科技学院、经纬纺织机械股份有限公司宜昌纺织机械分公司	梅顺齐、杨华明、张智明、赵建、汪斌、向新柱、徐巧
6	超柔软功能针织内衣的开发及产业化技术研究	江南大学、红豆集团无锡太湖实业有限公司	王潮霞、蒋春熬、周宏江、付少海、田安丽、张霞
7	多层立体结构家纺类产品的设计与开发	孚日集团股份有限公司	孙勇、郑俊成、王明生、贾程伟、赵瑞英、杜洪杰、付强
8	免松纱、免络筒环保节能染纱技术开发与应用	广东溢达纺织有限公司	程鹏、肖军、何韵湘、袁彩妮、赵兴林、邹志才
9	透气透湿超纤革的研究	山东同大海岛新材料股份有限公司	王乐智、闫瑞平、苑浩亮、刘利坤、付希晖、陈召艳、卢彩华
10	造纸用系列多层纤维成形网的研发与产业化	江苏金呢工程织物股份有限公司、江南大学	陆平、周积学、胡博能、叶平
11	风力发电叶片专用三维玻纤基材	海宁市成如旦基布有限公司	宋建成、王洪波、宋建新、吴彩云、谈菊生、仲建丰、黄培根
12	经编T型网布	常州市宏发纵横新材料科技有限公司	谈昆伦、何亚勤、季建强、刘黎明
13	高性能稀土发光纤维的制备方法	东华大学	张玉梅、王华平、王朝生、王彪、竹秀玲、叶云婷、陈仕艳
14	粘胶超短纤维技术研究与应用	唐山三友兴达化纤股份有限公司	张会平、高悦、张东斌、陈学江、杨爱中、于文彬、赵秀媛

叁等奖

序号	项目名称	主要完成单位	主要完成人
15	功能色母粒研究	大连甲彩母粒有限公司	朱　军、马桂芬、朱胜利、周大玲、王　娜、朱慧莉、姜春玖
16	44dtex/48f 锦纶 6FDY 细旦丝研究	浙江三马锦纶科技股份有限公司	张玉忠、周善培、李连光、王保军、查品福、单继泉、丛祥国
17	废聚酯料生产脱油硬质再生中空涤纶短纤维研究	宁波大发化纤有限公司	杜国强、高鸿权、杨志平、钱　军
18	装饰用消光阻燃空变纱研究	太仓市金辉化纤实业有限公司	徐心华、郑耀伟、唐绮芸、郑景德、颜士成、徐燕冰、杨钟凯
19	抗菌维卡纤维技术研究及运用	宜宾丝丽雅集团有限公司	胡远成、祝贵文、何大雄、李勇利
20	智能调温粘胶纤维研究	北京巨龙博方科学技术研究院、河北吉藁化纤有限责任公司	宋德武、孙国林、岳福升、韩晋民、郑书华、李振峰、薛振军
21	聚酯短纤维界面处理技术的研究及其系列产品（油剂）产业化	天津工业大学、中国石油化工股份有限公司洛阳分公司	郑　帼、徐进云、况成承、刘燕军、周　存、张　锋、吴　玲
22	安全气囊用涤纶工业长丝的研制及产业化生产	浙江海利得新材料股份有限公司	葛骏敏、马鹏程、高　琳、顾　锋、韩　峰、周鸿根、陈雪林
23	功能亲肤性可降解 Ingeo 纤维应用研究及其多元生态纺织品开发	山东省纺织科学研究院、青岛雪达集团有限公司	关　燕、张世安、臧　勇、王显旗、金晓东、孙广照、杜宪文
24	交捻包芯变倍弹力竹节纱的生产技术研究	山东岱银纺织集团股份有限公司	李广军、谢松才、王长青、于传文、刘军明、张秀强、尹延征
25	无捻纱机织物的技术研究	山东泽祥纺织有限公司	马玉成、马伟华
26	竹炭纤维内衣面料关键技术的研究及产品开发	上海帕兰朵高级服饰有限公司	方国平、杨　军、高小明、任海农、夏秉能、吴　旻、张震中
27	多组份纤维间断式纺纱技术开发与规模化生产	青岛纺联集团六棉有限公司	毛明章、鞠彦军、鲍智波、王　伟、秦世民、李青生、倪连顺
28	双面异效应提花织物的数码化设计与织造关键技术研究与应用	嘉兴市越龙提花织造有限公司、浙江理工大学	金子敏、汝兴龙、马力裕、孙爱明、朱小行、阎玉秀、张红霞
29	闪光飘逸纱产品技术开发与生产	浙江正凯集团有限公司	沈志刚、冯卫芳、汪春波、王兴来、王炳奎
30	高支天丝／皮马棉色织大提花面料及床上用品的开发	山东泰丰纺织有限公司	刘庆平、王建云、刁建民、王　冠、聂玉萍

叁等奖

序号	项目名称	主要完成单位	主要完成人
31	天然彩棉织物高档化优质化关键技术及产品开发研究	富丽达集团控股有限公司、浙江理工大学、桐乡威图纺织有限公司	周文龙、胡 伟、钱珏美、李茂松、刘云昌、成建林、唐志荣
32	棉纺恒张力纺纱技术	天津纺织工程研究院有限公司、北京经纬纺机新技术有限公司	吕增仁、金光成、胡艳丽、唐海丽、闵海涛
33	全自动地毯静电测试仪的研制	山东省纺织科学研究院	林 旭、何红霞、刘 壮、左俊杰、付 伟、张海青
34	黄麻纤维在家用纺织品中的规模化研究和生产	浙江洁丽雅毛巾有限公司、湖北洁丽雅纺织有限公司	陈真光、夏敬永、金艳元、王利胜、章继恩、朱全文、张海萍
35	针织毛衫功能化产品系列开发研究	江南大学、江阴芗菲服饰有限公司	王鸿博、周 婉、梁惠娥、郭 健、陈建强、徐 亮、王凤娟
36	弹性纤维及助剂在毛精纺弹性织物中的应用技术	山东南山纺织服饰有限公司、烟台南山学院	宋建波、潘 峰、李 经、胡长明、刘国辉、曹贻儒、卢淑艳
37	改造棉纺纺纱系统生产全毛高支纱	汶上如意天容纺织有限公司、天津工业大学	王 强、杨锁廷、司守国、齐成勇、刘建中、柳兆伟、袁秋梅
38	半精纺工艺技术的研究及其纱线的开发与运用	桐乡市易德纺织有限公司、浙江省羊毛衫质量检验中心	周卫忠、姚小昌、陆建根、周延清、茅明华、钟 铿
39	特殊功能精纺面料加工关键技术及其产业化	凯诺科技股份有限公司、海澜集团有限公司、武汉科技学院	赵国英、张建良、张新龙、杨自治、刘 欣、李文斌、周月琴
40	羊兔毛系列精纺弹力面料的开发与研究	绍兴文理学院、浙江冠友服饰集团有限责任公司、绍兴中纺院江南分院有限公司	奚柏君、丁阿良、庄小雄、郭筱洁、唐立敏、丁裕仁、冯 斌
41	半精梳赛络纺织技术与产品开发	天津工业大学、承德可大毛纺织有限公司	马崇启、魏晓坡、王 瑞、张春生
42	锦纶单丝与真丝、亚麻、天丝、莫代尔系列交织面料开发	吴江市汉通丝绸喷织厂	沈汉镛、沈坤荣、徐广宇
43	桑蚕丝／铜氨丝交织技术研究及产品开发	上海丝绸集团股份有限公司	徐明耀、吕 钢、丁锡强、李一东、应瑞燕、刘 鹰、闻 红
44	真丝弹力面料及功能性真丝弹力面料开发技术	杭州金富春丝绸化纤有限公司	盛建祥、叶生华
45	舒木尔针织内衣面料加工关键技术研究	上海针织九厂	曹春祥、卜启牙、丁继林、赵士龙、徐继宠

叁等奖

序号	项目名称	主要完成单位	主要完成人
46	发热丝纤维在针织内衣面料中的应用技术研究	上海帕兰朵高级服饰有限公司	杨 军、方国平、夏秉能、蔡 增、王伟君、李世来、李 勇
47	高精细数码提花织造技术及开发应用	天津纺织工程研究院有限公司	辛 欣、张 红、王文刚、阎贵珠、郭爱莲
48	高强力多功能雨披面料加工技术	丹东优耐特纺织品有限公司	严欣宁、李金华、李晓霞、张迎春、孟雅贤、肖婷婷、刘 贝
49	抗菌防螨工艺技术在毛圈织物上的开发与应用	浙江洁丽雅毛巾有限公司、嘉兴学院服装与艺术设计学院	陈真光、薛 元、章继恩、祝来燕、陈志刚、金艳元
50	多功能纳米纺织品研制	福建宏远集团有限公司	叶 敏
51	防静电·防电磁波辐射纺织品	江苏省纺织研究所有限公司	承志伟、王丽敏、周 仪、丁 明、王琴云、丁 欧
52	涤纶及涤棉荧光面料特种染整关键技术	绵阳佳联印染有限责任公司	胡志强、石岷山、贺礼忠、魏田裕、黄才文、杨小明、雷小明
53	吸湿排汗面料印染加工技术研究	淮北维科印染有限公司	李高元、梅肖瑾、杨晓丽、李 军、王建平、刘德刚
54	多组份纤维高档针织品广谱抗菌关键技术及产品开发	东华大学、上海鄂尔多斯内衣有限公司、上海海林实业有限公司	蔡再生、费建明、赵亚萍、孔德伟、张家云、周明训
55	牛奶丝营养保健服饰品研制及绿色染整工艺技术研究	浙江纺织服装科技有限公司、浙江春江轻纺集团有限责任公司、上海正家牛奶丝服饰有限公司、杭州沈氏化纤有限公司、浙江之江纺织有限公司	卢惠民、杨云灿、陈根才、章水龙、李友辉、李志刚、寿弘毅
56	高档天然彩色棉纺织技术及整理技术开发研究	浙江纺织服装科技有限公司、浙江省农业科学院、宁波中汇纺织有限公司、湖州中汇纺织服装有限公司、浙江帅马服饰有限公司	赵连英、邱新棉、王凡能、皇甫明灿、蒋载豪、沈国先、芦惠民
57	功能性健康纺织品开发及其产业化应用	西安工程大学、陕西班博实业集团有限公司、浙江新阳服饰有限公司、常州纺织服装职业技术学院、西安精诚职业服装有限公司	王进美、孟家光、黄 翔、孙卫国、冯国平、张 瑾、刘锐峰
58	结晶交联型／温控型聚氨酯织物防水透湿整理剂的研制	武汉科技学院	权 衡、易有彬、杨 锋、王运利、何雨虹、马小强

叁等奖

序号	项目名称	主要完成单位	主要完成人
59	低水位环保节能染纱技术开发与应用	广东溢达纺织有限公司	程 鹏、肖 军、何韵湘、袁彩妮、岳连生、韩金朝、方 晓
60	纯棉单向导汗舒适性面料工艺技术研究	鲁泰纺织股份有限公司、武汉科技学院	刘子斌、张建祥、崔卫钢、倪爱红、李文斌、窦海萍、侯大勇
61	带蜡印花真蜡产品的研发与应用	济宁如意印染有限公司	孙利明、孙俊贵、任泽风、文 磊、欧亚南、丁忠来、纪德峰
62	纳米复合型涂料印花粘合技术	辽宁恒星精细化工（集团）有限公司、辽宁大学化学院	孙继昌、杜存锐、闫 乔、陈洪梅、赵本成、董明东、李 刚
63	聚乳酸纤维／棉交织（混纺）织物染整工艺研究	绍兴中纺院江南分院有限公司、绍兴越欣数码纺织有限公司、绍兴百瑞印染有限公司	庄小雄、杨国荣、崔桂新、朱俊伟、姚登辉、韩建定、金华江
64	牛仔面料印染深加工技术	潍坊齐荣纺织有限公司	刘学强、刘 伟、孙建东、韩 杨、刘爱宝
65	差异化染色纱	百隆东方有限公司、宁波海德针织漂染有限公司、宁波百隆纺织有限公司	曹燕春、韩共进、万 震、吴爱儿、唐佩君、阮浩芬
66	印染工业废水短流程大通量节能高效膜处理技术及循环回用	盛虹集团有限公司、厦门市威士邦膜科技有限公司	唐金奎、王俊川、曾沿鸿、黄中权、张雪根、冯学春、钱文太
67	RFJA10 喷气织机	山东日发纺织机械有限公司、浙江日发纺织机械有限公司	杨鑫忠、梁文波、傅世明、王 屹、金 洪、张国良、吉学齐
68	TF2005S 型双宫丝自动缫丝机	杭州天峰纺织机械有限公司、苏州大学	胡征宇、朱建林、俞江乔、沈荣棠、陈俞焕、俞海峰、俞 炳
69	高效节能型针织平幅水洗联合机	江阴福达染整联合机械有限公司	张 琦、周炳南
70	YL 定型机废气处理系统研发与应用	绍兴永利环保科技有限公司	朱衍洲、于养信、王跟武、刘 嵩
71	JWF1381 型条并卷机	经纬纺机股份有限公司榆次分公司、经纬纺机上海经纬东兴精梳机械有限公司	谭鸿宾、武振云、苗 凌、周庆泉、范忠勇、郝树华、苗雅莉
72	节能生态型管式间接蒸发冷却空调的开发	西安工程大学	黄 翔、宣永梅、吴 生、吴志湘、武俊梅、狄育慧、颜苏芊
73	超长纤维 GMT 板材干法生产线	江苏迎阳无纺机械有限公司、常熟理工学院	范立元、潘 毅、周自强、徐学忠、于学勇

叁等奖

序号	项目名称	主要完成单位	主要完成人
74	BSERP 百胜服装 ERP 系统 V3.0	上海百胜软件有限公司	黄 飞、马龙飞、姬生力
75	单量单裁数控激光自动裁剪系统研究	浙江纺织服装科技有限公司、浙江秋仕服饰有限公司、武汉金运激光设备制造有限公司	芦惠民、盛卫民、黄银芳、陈根才、邱征驰、朱敏捷
76	平网印花机现场总线控制系统	西安工程大学	李鹏飞、景军锋、王晓华、温宗周、金大海、丁远祥、刘 国
77	提花纹织 CAD 系统	武汉科技学院	邓中民、黄翠蓉、陈益人、吕红梅、朱李丽、崔卫钢、肖 军
78	服装行业智能计数与自动控制集成管理系统	厦门大学、福建七匹狼实业有限公司	姚俊峰、曾文华、姚健康、姚小忠、王备战、史 亮、张 涛
79	GE88 型电脑无缝针织内衣机	宁波慈星纺机科技有限公司、宁波工程学院	孙平范、徐卫东、徐金富、郑建林、骆再飞、赵伟敏、王 娟
80	自动裁剪机（TAC-175/177/205/207/235/237/2011N)	上海和鹰机电科技有限公司	尹智勇、凌 军、田 密、陈新中
81	印染工艺参数在线检测与自动控制——丝光轧碱液浓度在线监控系统	常州市宏大电气有限公司	顾金华、徐建守、王天林、钱宏根、葛朝玉、孟祥见、朱剑东

2010 年度中国纺织工业协会科学技术进步奖获奖项目
壹等奖

序号	项目名称	主要完成单位	主要完成人
1	汉麻纤维结构与性能研究	中国人民解放军总后勤部军需装备研究所、西安工程大学、汉麻产业投资控股有限公司	张 华、张建春、郝新敏、来 侃、马 天、严自力、孙润军、刘俊卿、张 杰、陈美玉、张国君
2	连续式阳离子染料可染聚酯装备和工艺开发	上海聚友化工有限公司、中国纺织科学研究院、桐昆集团浙江恒盛化纤有限公司、吴江赴东纺织集团有限公司化纤分厂	汪少朋、陈士良、濮 江、田崇著、汪建根、王新良、许金详、徐永根、张翠丽、沈建松、朱蒙达、竺建江、杨 宇、张德强、汪钰平
3	百万吨级 PTA 装置工艺技术及成套装备研发项目	中国纺织工业设计院、重庆市蓬威石化有限责任公司、浙江大学、天津大学	罗文德、周华堂、姚瑞奎、张 莼、陈孟和、李利军、汪英枝、杨再兴、刘万志、郑宝山、刘 凤、王永国、王丽军、马海洪、谢祥志
4	高性能维纶及其纺织品开发	四川大学、总后军需装备研究所、四川维尼纶厂、东营市半球纺织有限公司、浙江新建纺织有限公司、湖南省湘维有限公司、山东沃源新型面料有限公司、上海全宇生物科技遂平有限公司、绵阳恒昌制衣有限公司	施楣梧、徐建军、叶光斗、张旭东、姜猛进、肖 红、李海英、杨祖民、朱鸣英、孙幸福、刘永杰、陈作芳、刘三民、刘惠送、伍龙飞
5	高强耐腐蚀 PTFE 纤维及其滤料开发和产业化	浙江理工大学、西安工程大学、南京际华三五二一特种装备有限公司	郭玉海、来 侃、夏前军、孙润军、陈建勇、陈美玉、高静昕、刘建祥、于淼涵、张昭环、阳建军、冯新星
6	高性能碳纤维三维纺织复合材料连接裙的研制	天津工业大学	李嘉禄、杨彩云、张国利、吴晓青、陈光伟、孙 颖、徐志伟、陈 利、李学明、周 清、王晓生、王 刚
7	千吨规模 T300 级原丝及碳纤维国产化关键技术与装备	中复神鹰碳纤维有限责任公司、东华大学、连云港鹰游纺机有限责任公司	张国良、潘 鼎、李怀京、王成国、张晓明、刘宣东、于素梅、孙绿洲、朱延松、席玉松、张斯纬、张丽平、刘恒祥、邢善甲、刘运波
8	棉冷轧堆染色新技术及关键装置的研究开发	华纺股份有限公司	王力民、陈志华、李风明、罗维新、高 鹏、李玉华、于纪晶、王启军、王 涛、曹连平、姚永旺、刘江波、杨玉华、李延翠
9	蜡染行业资源循环利用集成技术与装置	青岛凤凰印染有限公司	戴守华、吴晓飞、龚 漪、杜 伟、纪春勇、张运栋、王福善、李 鹏、刘书庆、娄 宁、王 磊、于 颖、孙振超、蓝恭茂、刘方奇
10	纺织服装生产数据在线采集与智能化现场管理系统开发及产业化	惠州市天泽盈丰科技有限公司、武汉纺织大学、电子科技大学	赖海洋、苏洪强、易长海、文光俊、郭保国、石教辉、邹汉涛、王罗新、刘达文、谢姗姗、艾永东、李 强、许洪强、钟文静、钟妙定

贰等奖

序号	项目名称	主要完成单位	主要完成人
1	棉与多功能长丝复合纱的研发与产业化	江苏大生集团有限公司	黄 伟、马晓辉、沈健宏、赵瑞芝、汪吉良、杜小迎、邹小祥、佘德元
2	涡流纺复合包芯纱线技术及其产品设计与开发	德州华源生态科技有限公司	雒书华、刘艳斌、刘 琳、刘俊芳、鲍学超、丁永祥、曹端山
3	竹炭再生纤维素纤维研制及产品应用开发	山东省纺织科学研究院、山东海龙股份有限公司、青岛雪达集团有限公司、潍坊齐荣纺织有限公司	关 燕、吴亚红、臧 勇、张世安、刘 伟、金晓东、卢海蛟、王显旗、孙广照、李军华
4	无缝线高效制衣成套技术及其产业化	鲁泰纺织股份有限公司、武汉科技学院	秦 达、张建祥、崔卫钢、刘政钦、李文斌、宋海燕、窦海萍、刘 欣、侯大勇、曹修平
5	多功能纺织面料复合加工技术研究及产业化	浙江理工大学、浙江新中天控股集团有限公司	祝成炎、洪桂焕、张红霞、徐仁良、李艳清、徐国平、田 伟、万根祥、李建法、袁扬圻
6	芳砜纶色织面料的关键技术与产业化研究	上海新联纺进出口有限公司	沈全芳、周明华、潘惠频、李 岚、刘俊杰、管剑明、胥 鑫、陆乐乐
7	多组分优化竹浆纤维混纺装饰织物关键技术研究及产品开发	上海市纺织装饰用品科技研究所	程衍铭、唐大钧、陈 平、孙稚源、李 宁、翁奇望、黄懋加、张淑芳
8	新型多组份再生纤维在半精纺上的应用开发技术	江苏阳光股份有限公司	陈丽芬、曹秀明、陈 敏、马秀华、桂明胜
9	高收缩腈毛粗针拉毛绒布的技术研究	上海嘉麟杰纺织品股份有限公司	黄伟国、杨启东、张佩华
10	毛用浆料研制与天然抗菌剂开发的关键技术及其在精纺毛织物上的产业化应用	凯诺科技股份有限公司、东华大学、江苏省服装工程技术研究中心	赵国英、王 璐、张建良、张 斌、何建丰、劳继红、杨自治、王富军、周月琴、贾舜华
11	嵌入式麻棉高支高品质产品开发及其产业化	湖北天化麻业股份有限公司、武汉纺织大学	李仁充、陈 军、王章凯、刘应举、汪仁川、李朝辉、崔卫钢、李文斌、易长海、叶汶祥
12	纳米复合功能材料及其纤维制备关键技术	东华大学、上海德福伦化纤有限公司	朱美芳、孙 宾、李耀刚、陈彦模、俞 昊、周 哲、杨卫忠、陈 龙、张 瑜、吴文华
13	瓶片再生高强 PET 短纤维成套设备和工艺技术	上海太平洋纺织机械成套设备有限公司、东华大学	邬健康、来可华、沈文杰、陈 鹰、许云华、肖海燕、赵炯心、李文刚、哈承左、孙 葵
14	直接纺环吹风系列差别化涤纶长丝的研发	江苏盛虹化纤有限公司	张叶兴、梅 锋、朱军营、徐春建、张建国

贰等奖

序号	项目名称	主要完成单位	主要完成人
15	聚酯装置节能增效技术	荣盛石化股份有限公司、浙江理工大学	倪信才、郭成越、马立东、孙　福、白克服、谢　淳、杨宝华、付子波、袁文冲、凌荣根
16	彩色涤纶长丝波纹花式丝线技术产业化	浙江华欣新材料股份有限公司	曹欣羊、钱樟宝、段亚峰、刘万群、赵江峰、刘　越、严忠伟、王治国、朱　昊
17	天然壳聚糖抗菌功能粘胶纤维生产关键技术及产业化	成都华明玻璃纸股份有限公司、天津工业大学、宜宾丝丽雅集团有限公司	程博闻、秦玉波、张慧琴、庄旭品、龙国强、廖周荣、王　义、徐发祥、杜咏林、付金丽
18	连续玄武岩纤维制备技术与产品开发	浙江石金玄武岩纤维有限公司	胡显奇、孙鸿亮、石钱华、杨　恺、许加阳
19	2兆瓦及以上风电叶片用玻纤多轴向经编增强材料编织技术	常州市宏发纵横新材料科技有限公司	谈昆伦、何亚勤、季建强、刘黎明
20	溶剂回收专用活性碳纤维制备技术及应用	江苏苏通碳纤维有限公司、南通大学	陈植民、季　涛、高　强、鲍炎庆、杨苏川、王玉萍、周玲玲、严　亮
21	高性能降落伞材料的开发应用	成都海蓉特种纺织品有限公司	王新南、许家骅、李仲暄
22	高效驻极体空气过滤材料制备关键技术研发	杭州电子科技大学、桐乡市健民过滤材料有限公司、浙江理工大学	陈钢进、尤健明、肖慧明、韩　建、龙大海、张文中、于　斌、王　昕、杨树学、徐国平
23	舒适系列再生纤维非织造专用鞋材的开发	天津工业大学、福建鑫华股份有限公司	钱晓明、洪明取、庄旭品、郭秉臣、张志娟、刘建政、杨道光、刘　亚、康卫民
24	天然染料一浴拼色染色与固色成套技术及产业化	苏州大学，鑫缘茧丝绸集团股份有限公司，嘉兴市新大众印染有限公司，南通那芙尔服饰有限公司，苏州宏祥印染有限公司	王祥荣、陈忠立、赵建平、程万里、杨其根、储呈平、钱洪良、潘世俊、孙道权、曹红梅
25	配位自组装高分子负载型钯活化导电布制备技术及产业化	浙江三元电子科技有限公司、东华大学	王　炜、纪俊玲、田海玉
26	高档棉织物环保免浆料织造和染整技术	无锡市天然纺织实业有限公司	朱国民、严　波、杭彩云、顾蓉英、吴宗其
27	涤纶纤维筒子染色质量控制体系研究及应用	绍兴中纺院江南分院有限公司、中国纺织科学研究院、绍兴金渔印染有限公司	潘菊芳、廉志军、徐　憬、江　渊、庄小雄、崔桂新、朱俊伟、和超伟、井连英、郑小佳

贰等奖

序号	项目名称	主要完成单位	主要完成人
28	天然竹炭、壳聚糖纤维抗菌毛巾的染整加工技术	山东滨州亚光毛巾有限公司	王红星、成秀英、张富勇、杜换福、李秀明
29	差别化纤维面料精细化印花技术及其产品应用开发	辽宁宏丰印染有限公司、大连岸名宏丰有限公司、东华大学	吴杨、赵涛、邓树军、姜呈昕、刘仲娟
30	环保型水性聚氨酯涂层剂及其功能性涂层整理技术	浙江传化股份有限公司、浙江理工大学、日信纺织有限公司	罗巨涛、邵建中、吕世良、郑今欢、瞿少敏、刘今强、王胜鹏、吴明华、徐璀、陈小金
31	碱性果胶酶制剂的研制与产业化开发	青岛康地恩生物科技有限公司	刘鲁民、周英俊、李群、郝荣耀、陈亮珍、宋爱国、沈克群、吕家华、王海、彭虹旎
32	活性染色高效短流程皂洗技术开发与产业化	东华大学、广东德美精细化工股份有限公司	朱泉、郭玉良、刘光伟、黄尚东、刘金华、尹亨柱、吴少新、张玉林、陈南梁、邓东海
33	新型特种防虫服关键技术及产业化	上海公泰纺织制品有限公司	曹公平、王伟君、沈勇、施超欧、杜宁、于莲珍、贾家祥、王乃健、张和、胡文足
34	环保型涂料印花遮盖白浆技术及产品研发	四川省纺织科学研究院、四川益欣精细化工有限责任公司	蒲实、黄玉华、廖正科、韩丽娟、胡于庆、谭弘、陈松、吴晋川
35	聚酯聚醚有机硅三元共聚型多功能高效涤纶整理剂的开发及应用	张家港市德宝化工有限公司、浙江理工大学、沈阳化工研究院、张家港市益联印染有限公司	吴明华、刘冬雪、陈金辉、袁晓峰、戴霞、戚栋明、林鹤鸣、卓文明、高伟
36	圆网喷墨制网关键技术研究与产业化	浙江理工大学、杭州宏华数码科技股份有限公司、浙江大学	陈文华、杨诚、潘骏、任锟、金小团、胡明、徐全伟、葛晨文、章维明、杨文
37	GA309型预湿浆纱机	恒天重工股份有限公司	刘延武、崔运喜、吴刚、张永军、刘红武、李新奇、韩爱国、张棣、张红敏、翟秀慧
38	GE2-M2型多轴向经编机	常州市第八纺织机械有限公司	陈龙、凌伯明、蒋国中、陈震、刘勇俊、谢雪松、张建华
39	高牵伸力产业用丝热辊	北京中纺精业机电设备有限公司	束学遂、薛学、吴云梅、裴桂鑫、陈栋、王青、彭森林、杨礼国、张长栓、涂兆华
40	全自动喷丝板微孔检测仪	东华大学	杨崇倡、王生泽、王学利、甘学辉、丁永生、周哲、郝矿荣、毛立民、杨向萍、马晓健

贰等奖

序号	项目名称	主要完成单位	主要完成人
41	订单生产辅助管理系统的开发和应用	际华三五零九纺织有限公司、武汉纺织大学	张国群、朱 勇、丁益祥、谭 徽、刘望清、朱哨华、吴 健、屈 炜、王双良
42	FZ/T 73023-2006《抗菌针织品》	深圳市北岳海威化工有限公司、武汉市疾病预防控制中心、中国人民解放军总装备部航天医学工程研究所、广东省微生物分析检测中心、中国针织工业协会	邹海清、王俊起、王友斌、郑华英、白树民、欧阳友生、李晓聪
43	FZ/T 01053-2007 纺织品 纤维含量的标识	中国纺织科学研究院	郑宇英、王宝军、徐 路、斯 颖
44	《纺织工业节能减排与清洁生产审核》	东华大学	奚旦立、陈季华、杨爱民、唐经美、杨 波、徐淑红、马春燕、李 方、田 晴

叁等奖

序号	项目名称	主要完成单位	主要完成人
1	经纬全开纤桃皮绒织物的开发与研究	吴江福华织造有限公司	肖 燕、鲁宏伟、李茂明、吴 庆、秦 峰、李海燕、季 青
2	超细旦棉异经条纹提花面料生产工艺研究开发	湖北石花纺织股份有限公司	安 明、郑大群
3	光催化纤维／细旦天丝大提花面料的开发及应用	山东泰丰纺织有限公司	刘庆平、刘纯伟、耿雁翎、邹生成、魏洪琴、刁建民、李冠新
4	不锈钢纤维和铁铬铝合金纤维纱线及机织物的研发	保定三源纺织科技有限公司	李文艳、张艳梅、魏金玉、于大芬、李君芳、张 蔚、郭树清
5	特种涤纶与棉混纺吸湿排汗衬衣面料及生产技术开发	际华三五四二纺织有限公司	张慧霞、乐平勇、张纯芳、刘定会、唐建东、王 平、范永刚
6	功能性巾类家纺产品研发及产业化	孚日集团股份有限公司	李言芹、朱晓红、周文国、呼 嵩、刘显高、王 琳、李泽舸
7	纯棉超柔薄面料研发与产业化	山东樱花纺织集团有限公司	田秀凤、夏 静、张美玲、李秀华、郭礼江、李广德、付 浩

叁等奖

序号	项目名称	主要完成单位	主要完成人
8	弹力植绒产品的关键技术与产业化应用	嘉兴市鹏翔植绒有限公司	周金华、周海华、王金林、杨爱生、卜惠珠、何加华
9	无针缝服装的加工技术研究及产品开发	浙江纺织服装科技有限公司、联华企业有限公司、浙江秋仕服饰有限公司	寿弘毅、唐洁芳、邱征驰、王 莹、赵连英、周建迪、沈国先
10	汉麻等短纤维类嵌入纺纱技术研究	际华三五四二纺织有限公司、武汉纺织大学、武汉职业技术学院	邱卫兵、陈 军、孙 俊、王 平、晏顺芝、刘 辉、唐建东
11	竹炭木棉天然保暖针织面料的开发与应用	福建凤竹纺织科技股份有限公司	常向真、付春林、张 鑫、马红彬、黄 彬、唐亚军、彭娅玲
12	可循环再生资源（PLA 纤维）针织服装的研制	北京铜牛集团有限公司	漆小瑾、胡 静、黄小云、雷宝玉、祁 材、吴玉峰、袁 源
13	麻赛尔纤维针织内衣面料关键技术研究与产品的开发	上海帕兰朵高级服饰公司、上海纺织（集团）有限公司	方国平、杨 军、张晓红、王爱兵、季立新、赵树松
14	多功能护肤性针织内衣面料的研制与开发	河南工程学院	许瑞超、王双华、原新风、陈莉娜、朱宏达、翟孝瑜、刘慧娟
15	用下脚茧生产高弹性保健丝绵被的工艺研究	鑫缘茧丝绸集团股份有限公司、苏州大学、南通那芙尔服饰有限公司	储呈平、盛家镛、孙道权、陈忠立、潘世俊、潘志娟、刘华平
16	真丝自然弹系列产品的开发与研究	达利丝绸（浙江）有限公司	林 平、俞 丹、韦兰珍、丁圆圆、李亚新
17	提高茧丝丝素含量及利用效率的研究	四川出入境检验检疫局	周盛波、李玉兰、董 伟、甘 霖、刘 灵、赵骆建
18	蜀锦传统工艺改进与创新	四川省丝绸科学研究院、成都市蜀锦工艺品厂	张洪曲、杨长跃、马德坤、杨晓瑜、陈远会、唐仕成、杨祖凤
19	133.3dtex/80f 半连续纺细旦粘胶长丝	保定天鹅股份有限公司	王东兴、王三元、魏广信、田文智、潘晓华、许凤文、杨 峰
20	仿牛仔外观复合纺双色涤纶丝生产技术与产品开发	绍兴市云翔化纤有限公司、绍兴中纺院江南分院有限公司、绍兴文理学院	占海华、朱俊伟、周建红、段亚峰、庄小雄、崔桂新、潘建江
21	释放负离子抗菌抑菌多功能纤维织物研究	燕山大学、张家港市安顺科技发展有限公司、品德实业（太原）有限公司、北京铜牛股份有限公司、北京百泉化纤厂	李青山、李纪安、狄友波、祁 材、张洪泽、曲 原、王英民

叁等奖

序号	项目名称	主要完成单位	主要完成人
22	PET/PEN 双相合金纤维的共混纺丝技术	宁波大发化纤有限公司	钱　军、杨志平、王方河、邢喜全
23	复合纤维素新型浆粕及其制造方法	宜宾长毅浆粕有限责任公司	薛　勤、冯　涛、邓传东、徐发祥、廖　晥、刘爱兵、黄　俊
24	可控微孔聚酯树脂、纤维和面料成套技术开发及产业化	中国纺织科学研究院、中石化天津分公司、绍兴中纺院江南分院有限公司、浙江中纺新天龙纺织科技有限公司	杨　喆、张　勇、朱俊伟、陈　伟、张龙江、刘秀清、庄小雄
25	采用熔体在线添加技术研制开发 PET/PBT 共混改性短纤维	滁州安兴环保彩纤有限公司	胡庆文、陈国平、潘国辉、曹春安、闻继善、朱　松、郝桂香
26	粘胶长丝干法黄化系统创新技术	宜宾海丝特纤维有限责任公司	邓传东、李蓉玲、张岷青、严青平、贺　敏、唐孝兵、陈勇君
27	彩色阻燃消光中空涤纶长丝产品研发	浙江华欣新材料股份有限公司	曹欣羊、钱樟宝、严忠伟、王治国、赵江峰、周全忠、王军奇
28	复合法电气绝缘非织造材料研发与应用	浙江弘扬无纺新材料有限公司	王殿生、杨永兴、宋邦勇、许　菲、张　娟、吴书道
29	拒水透气无缝防护服和弹性非织造布隔离服的制造技术	绍兴海陆制衣有限公司，浙江省产业用纺织品和非织造布行业协会	黄健颖、孙　嵘、张文中、黄　健、王仲兰、车笑缘、孙洪星
30	环保、高涩感、耐磨型篮球用合成革的制造技术	泉州万华世旺超纤有限责任公司	李　革、蔡鲁江、颜　俊、兰心宝、李寿光、吴越超、马广毅
31	聚四氟乙烯短纤维滤料系列产品国产化	东华大学、上海博格工业用布有限公司	沈恒根、刘书平、杜柳柳、付海明、梁　珍、刁永发、许明珠
32	超细非织造精细过滤材料制备过程模拟与实验研究	苏州大学、东华大学	陈　廷、黄秀宝、王新厚、汪军、杨建平、李立轻、吴丽莉
33	用于混凝土增强的 CaCO3/PP 复合纤维制备及其应用	东华大学、深圳海川实业股份有限公司、武汉盛隆科技发展有限公司、深圳海川工程科技有限公司、浙江恒胜科技有限公司	王依民、倪建华、何唯平、李盛华、李　平、张　杰、王燕萍
34	亚麻粗纱无氯煮漂、染色及亚麻高支纱生产技术	常州美源亚麻纺织有限公司、常州纺织服装职业技术学院	周惠中、张娟娟、岳仕芳、王亚杰、牛荣生、谢　鸣、巢志仁
35	纯棉纱线冷轧堆染色技术与装备	常州市君虹染整有限公司、东华大学	杨立新、蔡再生、杨　洋、曹建强、陆　萍、滕玉英、蒋定安

叁等奖

序号	项目名称	主要完成单位	主要完成人
36	BEM-COTT 色织面料免烫技术开发	鲁泰纺织股份有限公司	张建祥、任纪忠、倪爱红、崔金德、周 明、黄衍华、贾云辉
37	X-Static 抗菌银／棉混纺纤维高档家纺面料及其染整工艺研发	愉悦家纺有限公司	刘曰兴、王玉平、张国清、赵爱国、王建中、宫成民、贺文泉
38	NG XLA 弹力织物免烫技术研究与开发	鲁丰织染有限公司	王方水、张战旗、于 滨、王艾德、梁政佰、齐元章、王德振
39	双面印花技术	济宁如意印染有限公司	孙利明、孙俊贵、文 磊、纪德峰、申永华、颜 奇、郑维海
40	纳米级银粒子生态抗菌面料及其制备方法	上海龙头家纺有限公司、上海民光被单厂、上海民光家纺企业发展有限公司	翁和生、俱智渊、许和娣、栾忠明、贺美娣、王爱兵
41	针织棉氨纶牛仔面料匹染加工技术	江苏悦达纺织集团有限公司	朱如华、戴 俊、刘必英、陆荣生、宋孝浜、陈玉平、周卫东
42	高品质细旦粘胶长丝染色技术开发	四川省宜宾惠美线业有限责任公司	廖周荣、段太刚、何大雄、雷 洪、石朝轩、汤 伟、汪学良
43	金属防氧化色变功能织物加工关键技术研究及产业化	上海工程技术大学、上海八达纺织印染服装有限公司	沈 勇、王黎明、丁 颖、魏作红、张惠芳、秦伟庭、张良生
44	多功能迷彩面料技术开发	际华襄樊新四五印染有限责任公司	张 艳、邓小红、陈 龙、邱双林、曾宪华、张 彬、刘 勇
45	气密型 TPU 挤出涂覆纺织品工艺技术	中纺新材料科技有限公司	李 鹏、曹明华、刘瑞彪、王一芳、李俊德、高诚贤、胡国银
46	新型盐剂（代盐剂）的开发与应用	上海瑞鹰生物化学有限公司、江西金瑞鹰生物化学有限公司、广州金瑞鹰生物化学有限公司	何 鹰
47	毛巾清洁化生产工艺研究及产品开发	江南大学、江苏康乃馨织造有限公司、盐城纺织职业技术学院	钱 坤、张洪玉、余晓斌、曹海建、李鸿顺、瞿才新、李发勇
48	高效复合型印染污水脱色剂及方法研究	四川省纺织科学研究院、四川益欣精细化工有限责任公司	黄玉华、韩丽娟、宋绍玲、蒲 实、罗艳辉、廖正科
49	棉织物高效短流程前处理助剂和工艺的研究及产业化	北京中纺化工股份有限公司、中国纺织科学研究院	刘夺奎、李彦滨、夏新伟、林海良、赵 平、张 莹、王艳丽
50	印染废水高效絮凝剂开发及废水回用技术	苏州大学、嘉兴市新大众印染有限公司	王祥荣、陆同庆、叶 萍、杨其根、赵建平、周大水、范金根

叁等奖

序号	项目名称	主要完成单位	主要完成人
51	纺织品清洁染整加工技术	天津工业大学、中国纺织出版社	吴赞敏、秦丹红、吕 彤、岳 莹、张 环
52	MA477 型宽幅起毛机	海宁纺织机械厂	缪朝晖、沈加海、张少民、陈 华、赵 虹、屠小芳
53	YJ738 型凸轮式剑杆毛巾织机	浙江越剑机械制造有限公司、绍兴中纺院江南分院有限公司	李 兵、庄小雄、崔桂新、胡臻龙、孟长明、黄章来、郑小佳
54	液体滑渗穿透综合性能测试仪的研究	山东省纺织科学研究院	林 旭、何红霞、刘 壮、付 伟、焦 亮、李 政
55	汽车内饰材料熔融性能测定仪的研制	山东省纺织科学研究院	林 旭、杨成丽、刘 壮、李 政
56	JB-4CH 经编送经测长仪	辽宁机电职业技术学院兴科中小企业服务中心、丹东真诚经编织造有限公司	周 兵、佟海军、马英庆、张 春、缴瑞山、何 晶、王立臣
57	CXW1400 型宽幅超强毛毯底网织机	石家庄纺织机械有限责任公司	刘 强、贾素会、王泽娟、李平海、侯建明、闫书法、宋玉霞
58	毛精纺企业生产管理系统开发及应用	山东南山纺织服饰有限公司、北京中纺达软件开发有限公司	潘 峰、孙友谊、宋 杰、王 志、钱耀盟、李姣丽、冯玉换
59	纱线质量在线检测装置	天津工业大学	蒋秀明、袁汝旺、周国庆、陈云军、杨建成、赵永立、杜玉红
60	基于 DeviceNet 总线宽幅重型聚酯网织机智能控制系统	天津工业大学、河南省华丰网业有限公司	杨 涛、董来印、李 阳、王初明、岳建锋、高殿斌
61	GB/T 2660-2008《衬衫》	上海市服装研究所、国家服装质量监督检验中心（上海）、国家服装质量监督检验中心（天津）、雅戈尔集团股份有限公司、杉杉股份有限公司	许 鉴、朱炳荣、唐湘涛、王淑容、翁叶翚、林月梅、盛志飞
62	粗梳毛织品	上海市毛麻纺织科学技术研究所	刘炜卿、曹宪华
63	GB/T 4802.1-4802.3-2008 纺织品起毛起球性能测试方法系列 3 项标准	中国纺织科学研究院、中纺标（北京）检验认证中心有限公司、宁波纺织仪器厂、内蒙古鄂尔多斯羊绒集团公司技术中心	王宝军、周世香、任鹤宁、胡君伟、杨桂芬
64	河南纺织服装产业集群与竞争力研究	河南工程学院、河南省纺织行业协会	段文平、姜 霄、张浩清、高顺成、孙 强、李芬香、郭松珍

叁等奖

序号	项目名称	主要完成单位	主要完成人
65	辽宁柞蚕纺织产业集群研究	辽东学院	蔡若松、于天福、戴鸿丽、田淑华、王亚丰、张 夏
66	我国纺织品对欧美出口贸易环境分析及发展趋势预测	天津工业大学	宋科艳、宋科新、窦金美、马 涛
67	纺织行业技术性贸易措施战略与预警研究	天津工业大学	周 庄、周建军、盛宝魁、宋亚坤、张 虹、马 涛
68	纺织品艺术设计创新人才开发与利用研究	中原工学院	牛玖荣、张怀强、李 咏、王 薇、杜爱霞、汪秀琛、赵一丽
69	生态纺织品检测及预警体系的建立	北京服装学院	廖 青、杜 冲、王柏华、李 青、崔成民、李立平、王晓宁
70	北京高级成衣品牌经营模式研究	北京服装学院	宁 俊、刘元风、韩 燕、陆亚新、姚 蕾、常 静、王秋月
71	传统服饰文化元素在现代设计产业中的运用研究	江南大学	梁惠娥、张竞琼、吴志明、刘 水、崔荣荣、潘春宇、谭 莹
72	杭州丝绸和女装产业自主创新的途径研究	浙江理工大学	邬关荣、郑亚莉、刘 胜、陈雪颂
73	《后配额时代的中国纺织服装业》	北京服装学院	郭 燕
74	《织物结构与设计》（第四版）	天津工业大学	荆妙蕾
75	《针织物组织与产品设计》教材	天津工业大学、江南大学	宋广礼、蒋高明、李 津、徐先林、杨 昆、刘丽妍、夏风林
76	《产业用纺织品》（"十一五"部委级规划教材、浙江省高等教育重点教材）	浙江理工大学	熊 杰、胡国樑、王利君、王家俊、王银燕、张华鹏、吴子婴
77	普通高等教育"十一五"国家级规划教材之《中国服装史》	中国纺织出版社、天津师范大学	华 梅、郭慧娟、陈 芳
78	普通高等教育"十一五"国家级规划教材之《棉纺工程》（第四版）	中国纺织出版社、沙洲职业工学院	史志陶、陈锡勇、贾格维、朱洪英、翁 毅、陈 纲、江海华
79	普通高等教育"十一五"规划教材之《测色与计算机配色（第二版）》	中国纺织出版社、天津工业大学	董振礼、刘建勇、轩桂芬、郑宝海、冯 静、李东宁
80	普通高等教育"十一五"国家级规划教材之《纺织CAD/CAM》	中国纺织出版社、西安工程大学	祝双武、石美红、段亚峰、邓中民、张一心、张冬霞、闫建华

叁等奖

序号	项目名称	主要完成单位	主要完成人
81	普通高等教育"十一五"国家级规划教材之《纺织服装商品学》	中国纺织出版社、东华大学、上海出入境检验检疫局	王府梅、吴雄英、丁雪梅、崔俊芳、曹昌虹
82	普通高等教育"十一五"国家级规划教材之《家用纺织品设计与市场开发》	中国纺织出版社、南通纺织职业技术学院	姜淑媛、陈志华、孔会云、唐小兰、孙　玲、姚蕴秋
83	普通高等教育"十一五"国家级规划教材之《服装美学教程》	中国纺织出版社、青岛大学	徐宏力、关志坤、郭慧娟、陈　芳

2011 年度中国纺织工业协会科学技术进步奖获奖项目
壹等奖

序号	项目名称	主要完成单位	主要完成人
1	碳／碳复合材料工艺技术装备及应用	上海大学	孙晋良、任慕苏、张家宝、李 红、潘剑锋、陈 来、周春节、沈建荣、路民华、凌宝民、白瑞成、杨 敏、孙 乐
2	天然彩色桑蚕茧丝关键技术研发及产业化	苏州大学、鑫缘茧丝绸集团股份有限公司、西南大学、中国农业科学院蚕业研究所、浙江大学、四川省农业科学院蚕业研究所、浙江花神丝绸集团有限公司	徐世清、储呈平、鲁 成、司马杨虎、王祥荣、孙道权、潘新平、徐安英、李 军、赵建平、陈忠立、崔世明、肖金树、张克勤、梁海丽
3	万吨级国产化 PBT 连续聚合装置及纤维产品开发	江苏和时利新材料股份有限公司、纺织化纤产品开发中心	瞿建华、瞿一锋、端小平、王玉萍、夏 磊、赵 旦、许格格、李德利、郑世瑛、张春蕾
4	大容量聚酰胺 6 聚合及锦纶 6 全消光多孔细旦纤维制造关键技术及装备	北京三联虹普新合纤技术服务股份有限公司、长乐力恒锦纶科技有限公司	刘 迪、陈建龙、李德和、刘棋官、陈立军、张建仁、吴 雷、陈 军、冯常龙、吴清华、于佩霖、卢艳荣、万学军、周顺义、杨 鸣
5	一步法异收缩混纤丝产业化成套技术与应用	徐州斯尔克纤维科技股份有限公司、北京中丽制机工程技术有限公司、东华大学	孙德荣、王学利、黄莉茜、焦春阳、孙德明、唐宇欣、程隆棣、孙义兵、王 勋、蔡再生、叶 静、吴寿军、刘丽芳、郑德坤、吴昌木
6	水处理中空纤维膜材料集成技术及其应用研究	天津工业大学、天津膜天膜科技股份有限公司	张宏伟、李新民、刘建立、吕晓龙、魏俊富、李建新、戴海平、马世虎、王 捷、王 亮、赵孔银、环国兰、贾 辉、吴 云
7	竹浆纤维制造与纺织染整加工关键技术及产业化	东华大学、河北吉藁化纤有限责任公司、苏州大学、吴江市恒生纱业有限公司、常州市新浩印染有限公司、浙江圣瑞斯针织股份有限公司	俞建勇、宋德武、唐人成、黄淑韵、程隆棣、郑书华、周向东、李振峰、崔运花、王学利、李毓陵、杨旭红、顾肇文、蒋拙勤、姚世忠
8	催化功能性纤维及其应用基础研究	浙江理工大学	陈文兴、吕汪洋、姚玉元、王 晟、胡智文、王 驹、李 楠
9	COOLTRANS 冷转移印花技术	上海长胜纺织制品有限公司	钟博文、徐宝庆、刘新刚、连维仁、周如珊、汪金福
10	JWF1418A 型自动落纱粗纱机	天津宏大纺织机械有限公司、北京经纬纺机新技术有限公司	孔繁苓、王 坚、刘敦平、久 军、陈 峰、杨长青、王学俊、高秀满、李 彭、毕 昱、徐 鹏、邢承凤、魏连生、田苗苗、刘海燕

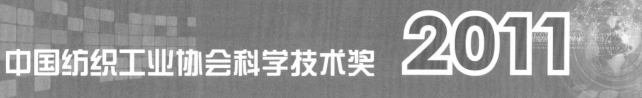
贰等奖

序号	项目名称	主要完成单位	主要完成人
1	羊毛节能染色智能化加工关键技术研究与开发	山东济宁如意毛纺织股份有限公司	丁彩玲、陈 超、商显芹、孟 霞、秦 光、罗 涛、李连锋、王科林、张佐平、杨爱国
2	PTT/PET 复合弹性系列纤维及高附加值面料制造关键技术及产业化	江苏阳光股份有限公司、总后勤部军需装备研究所、东华大学、江苏港洋实业股份有限公司、泰州吉泰毛纺织染厂、江苏江南高纤股份有限公司、青岛即发集团股份有限公司	施楣梧、王府梅、肖 红、甘根娣、陈丽芬、曹秀明、徐广标、韩大鹏、裴越华、李仁忠
3	高档运动服装锦梳纺纱技术及产品开发	德州华源生态科技有限公司	倪友博、雒书华、郭 娜、鲍学超、崔玉凤、高振龙、刘 琳、刘明哲
4	集成纺丝毛蝉翼纱超薄精纺面料关键技术研究与应用	山东南山纺织服饰有限公司、西安工程大学	潘 峰、沈兰萍、王 俊、王进美、刘国辉、罗 杰、宋作杰、刘仁琦、曹贻儒、吕黎丽
5	PTT 聚合、纺丝以及纤维后加工关键技术集成开发	东华大学、泉州海天材料科技股份有限公司	王启明、王华平、王朝生、许贻东、王 彪、张玉梅、林回红、张传雄、李晚享、黄炳剧
6	多功能舒适性毛精纺面料生产技术	江苏阳光股份有限公司	陈丽芬、曹秀明、赵先丽、陈 敏、马秀华、陶丽敏、韩立新、何 良、周庆荣、杨海军
7	竹炭纤维保健纺织品的技术研究和产品开发	浙江纺织服装科技有限公司、浙江弘生家纺有限公司、杭州意龙纺织有限公司、桐乡威图纺织有限公司	陈根才、沈国先、余文明、许生杰、吴世华、袁海萍、潘 梁、严 彪、董卫东
8	基于人体健康的系列运动袜的开发及产业化	浙江健盛集团股份有限公司、浙江理工大学	张茂义、虞树荣、方 伟、郭向红、汤战昌、张华鹏、冯新星、朱海霖、陈慰来、肖 刚
9	新型花式色纺纱关键技术及产业化	百隆东方股份有限公司、宁波海德针织漂染有限公司、宁波百隆纺织有限公司	杨卫国、曹燕春、卫 国、唐佩君、阮浩芬、吴爱儿、万 震、刘东升
10	优质雄蚕丝的开发及产业化应用	苏州大学、江苏苏豪国际集团股份有限公司、江苏民星茧丝绸股份有限公司	虞晓华、沈卫德、贾仲伟、杨 斌、胡征宇、邢铁玲、李 兵、曾万仲、丁志用、王国和
11	大螺杆多部位多头高性能高模量低收缩聚酯工业丝生产装置及技术	无锡市太极实业股份有限公司	姚 峻、许其军、季永忠、江晓峰、刘全来
12	高保温日光温室保温被加工技术的研发与产业化应用	宁波中直农业科技有限公司、宁波平直针织有限公司	楼 杰、陈海珍、张放军、钱为民、丁小明、卢卫国、王家俊、沈一峰、楼羽光、程腾骏

贰等奖

序号	项目名称	主要完成单位	主要完成人
13	液相增粘熔体直纺涤纶工业丝技术开发与应用	浙江古纤道新材料股份有限公司、浙江理工大学、扬州惠通化工技术有限公司	施建强、王建辉、陈文兴、严旭明
14	高速、宽幅造纸机用高性能成形网的研发与产业化	江苏金呢工程织物股份有限公司	陆 平、周积学、叶 平、盛长新
15	高强聚丙烯工业丝生产关键技术与设备研究及产业化应用	东华大学、江西东华机械有限责任公司、揭阳市粤海化纤有限公司	李 光、江建明、廖继东、郭清海、杨胜林、金俊弘、陈泽华、黄筱建、韩德茂、黄福昌
16	熔体直纺阳离子常压易染聚酯短纤维制备关键技术及系列产品开发	浙江东华纤维制造有限公司、浙江理工大学	沈国锋、王秀华、孟继承、姚玉元、张根敏、齐庆莹、孙 福
17	高耐久超细纤维运动鞋用合成革加工技术的研究	泉州万华世旺超纤有限责任公司	李 革、蔡鲁江、颜 俊、李 杰、李寿光
18	100％聚四氟乙烯纤维针刺过滤毡的制作工艺	厦门三维丝环保股份有限公司	罗章生、罗祥波、丘国强、蔡伟龙、郑锦森、洪丽美、郑智宏
19	收缩性可控共聚酯全拉伸丝直纺超细化关键技术应用及其产业化	苏州大学、江苏新民纺织科技股份有限公司	戴礼兴、戴建平、徐翔华、杨晓春、任 军、王 超、张振雄、李 改、吴玉军、王 浩
20	日产60吨国产化连续固相聚合、高性能涤纶工业丝纺丝成套设备与工艺技术	大连合成纤维研究设计院股份有限公司、绍兴海富化纤有限公司	郭大生、沈土根、陈 钢、汪丽霞、贺振军、高志勇、武跃英、于丽娜、郭 群、于英梅
21	半连续纺粘胶长丝90天换头新工艺技术	宜宾海丝特纤维有限责任公司	邓传东、冯 涛、李蓉玲、范贤珍、唐金钟、唐孝兵、张仁友、梁建军、张岷青、刘萌萌
22	在线反应共聚制备抗菌聚烯烃材料的新技术的研究及应用	武汉纺织大学、绍兴振德医用敷料有限公司、东华大学	王 栋、孙 刚、鲁建国、胡修元、靳向煜、易长海、李 宇、赵青华、刘 欣
23	无水化涂料印花新工艺新技术	杭州喜得宝集团有限公司、浙江华泰丝绸有限公司、浙江理工大学	赵之毅、郭文登、邵建中、樊启平、刘今强、蔡祖伍、郑今欢、杨爱琴、林 旭、戚栋明
24	纯棉纱线中深色无前处理染色技术与产业化	鲁泰纺织股份有限公司、德州学院	张建祥、窦海萍、任纪忠、徐 静、倪爱红、崔金德、郑贵玲、邢成利、杨道喜、陈玉哲
25	基于高聚物表面结构性能研究的功能性羊毛整理技术开发及产业化	浙江理工大学、浙江雀屏纺织化工股份有限公司	邵建中、杨豪杰、刘今强、易玲敏、许海军、王光明、郑今欢、陈维国、邵 敏、周 岚

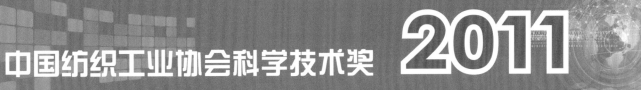
贰等奖

序号	项目名称	主要完成单位	主要完成人
26	高档交通工具内饰纺织品关键技术及其产业化	上海申达川岛织物有限公司、东华大学、上海汽车地毯总厂有限公司、上海融越纺织品科技有限公司	蔡再生、姚明华、曾履平、赵亚萍、龚杜弟、陈国伟、葛凤燕、徐丽慧、唐福春、张震中
27	数码高速喷墨印花系统	杭州开源电脑技术有限公司	雷绍阳、包惠国、金万树、马 燕、周峰江、文 律、李 丹、严琦眉、辛同磊、赵伟谊
28	防风、耐寒、透湿冬训服面料的研制与生产	丹东优耐特纺织品有限公司	张迎春、严欣宁、刘凤兰、李晓霞、孟雅贤、李金华、肖婷婷、任亚坤、刘 贝
29	巾被织物连续轧染及整理技术	孚日集团股份有限公司、青岛大学	孙日贵、房宽峻、门雅静、阮 航、蔡文言、于从海、蔡玉青、刘显高、田作辉、马贵忠
30	HGM63/1 全电脑多梳栉提花经编机的研制	福建省鑫港纺织机械有限公司	郑依福、郑春华、郑春乐、姚孟利、赖秋玉、郑自海、谢春旺
31	JWF1209 型梳棉机	青岛宏大纺织机械有限责任公司	冀 新、耿佃云、徐晓睿、李界宏、杨丽丽、姚 霞、杨秋兰、倪敬达、徐丰军、陈春义
32	JWF1012 型往复抓棉机	经纬纺织机械股份有限公司、恒天重工股份有限公司	刘延武、王超英、刘 地、张小平、邢怀祥、宋志刚、宋峻节、汤水利、王永杰、贾志斌
33	DJ-1/1A 断纱检测器	陕西长岭纺织机电科技有限公司	张社劳、王泽伟、吕志华、刘晓莉、白宝明、宁海梅
34	棉纺设备网络监控和管理系统	北京经纬纺机新技术有限公司	金光成、刘兰生、安 莉、章国政、李卫国、孟 鑫
35	DRM-Ⅰ型全数字特宽幅磁棒式圆网印花机	西安德高印染自动化工程有限公司	楚建安、李法建、张振泉、郭锋利、张 丹、朱明镜、张世杰、景军峰、左玉源
36	高效多功能超柔软磨毛整理机研发与产业化	浙江理工大学、海宁纺织机械厂	史伟民、沈加海、彭来湖、王载椿、吴震宇、倪祖鑫、赵 虹、姚 衡、陈 华、张少民
37	GE319 型立式氨纶整经机	常州市第八纺织机械有限公司	谈良春、谈昆伦、陈 龙、蒋国中、谢雪松、刘勇俊、陈 震、蒋永加
38	涤纶超细纤维高速弹力丝机的研发	无锡宏源机电科技有限公司	缪小方、张始荣、钱凤娥、邓建清、张似钢、陶维佳、杨晓庆、苏 甦、何小明
39	面向敏捷制造的服装 CAT/CAD/CAM 装备集成技术研究及产业化	苏州大学、上海和鹰机电科技股份有限公司、际华三五零二职业装有限公司、湖南东方时装有限公司	尚笑梅、尹智勇、凌 军、仇满亮、罗文亮、陈建明、幺玉顺、王 平、祁 宁、张 建

叁等奖

序号	项目名称	主要完成单位	主要完成人
1	新型汽车内饰用非织造布的开发	东纶科技实业有限公司	马咏梅、吴 伟、张孝南、张聪杰、刘东生、孟 红、任 强
2	抗电磁辐射多功能高档色织提花面料的研究开发	浙江理工大学、杭州万谷纺织有限公司	张红霞、祝成炎、贺 荣、李艳清、田 伟、苏 淼、徐飞云
3	HDHSHM—II型高强高模聚乙烯纤维生产线成套装备产业化	江苏神泰科技发展有限公司、东华大学	郭子贤、张竹标、王依民、高兆云、项朝阳、倪建华、陈志富
4	仿棉改性涤纶功能面料加工技术研究	际华三五零九纺织有限公司、武汉纺织大学、	谭 徽、陈益人、袁望利、张国群、刘望清、韩世洪、叶汶祥
5	中空纤维纳米级分离膜	吉林市金赛科技开发有限公司	金淑杰、王庆瑞、黄凤文、杨向东、施大铁、张志杰、施 展
6	提高混凝土表面质量的非织造布模板衬研究与应用	武汉纺织大学、武汉莱泰科技有限公司	曾宪森、卢记军、程向东、周星元、雷宇芳、何 亮、陈 浩
7	纳微仿生矿化关键技术及其在天然面料功能加工中的应用	苏州大学、鑫缘茧丝绸集团股份有限公司、浙江誉华集团湖州印染有限公司、黑牡丹（集团）股份有限公司、苏州苏纳特科技有限公司	郑 敏、陈忠立、王作山、汤展雄、仇振华、王祥荣、孙道权
8	新型环保、功能系列高档针织面料的关键技术及产业化	上海嘉麟杰纺织品股份有限公司、东华大学	黄伟国、许 畅、张佩华、杨启东、董 蓓、王俊丽、单苗苗
9	椰炭纤维功能性应用研究及系列生态产品的开发	山东省纺织科学研究院、青岛雪达集团有限公司	关 燕、张世安、臧 勇、王显旗、金晓东、李军华、孙广照
10	高强低伸特种复合缝纫线纺制技术及其产业化	武汉纺织大学、湖北妙虎纺织有限责任公司	陈 军、张 路、李 宇、张博红、熊乃平、梁 杰、崔卫钢
11	导湿快干机织面料的梯度结构设计与关键技术	江苏华业纺织有限公司、	阚进遂、张菊芳、吴锦华
12	雪花纱的开发与规模化生产	青岛纺联控股集团有限公司	毛明章、鞠彦军、鲍智波、王 伟、秦世民、于增文、葛爱菊
13	经纬全空变丝塔丝隆织物的开发与研究	吴江福华织造有限公司	肖 燕、鲁宏伟、李茂明、吴 庆、秦 峰、李双燕、李海燕
14	关于汉麻纺织新材料的研制和在双层双面纺织面料中的应用技术	南通大东有限公司	高 军、康拥军、顾用旺、黄亚军

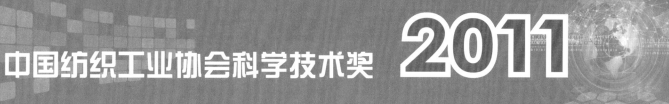
叁等奖

序号	项目名称	主要完成单位	主要完成人
15	波缎迪斯尼面料技术	志向（中国）集团有限公司	黄志向、孙显康、马帮奎、张永哨、杨卢宁
16	天然舒适性多功能纬编针织内衣面料的研究与开发	江南大学、无锡红豆居家服饰有限公司	王潮霞、付少海、王春莹、蒋春熬、周文江、田安丽、王春霞
17	色织和匹染中弹轻薄面料开发	鲁泰纺织股份有限公司、鲁丰织染有限公司	张建祥、任纪忠、倪爱红、张战旗、黄衍华、于滨、梁政佰
18	汉麻功能性高档家纺面料与制品的开发及产业化	盐城悦弘织造有限公司、西安工程大学、江南大学	王圣杰、孙鸿、孙润军、戴俊、来侃、陈美玉、王潮霞
19	紧密纺珍珠纤维／绢丝／棉高档衬衫面料的开发研究	江苏悦达纺织集团有限公司	朱如华、戴俊、陈海、刘必英、陆荣生、唐萍、乐峰
20	基于人体工效的无缝针织服装立体成型关键技术研究及产业化	浙江理工大学、浙江棒杰数码针织品股份有限公司、浙江省纺织测试中心	金子敏、阎玉秀、陶建伟、陈建华、郑朝辉、季晓芬、张放军
21	织物最佳服用性能的混纤纺织染整关键技术研究与产业化	浙江理工大学、浙江越隆控股集团有限公司	祝成炎、王荣根、张红霞、李艳清、田伟、徐海兵、沈一峰
22	新型纳米功能型（拒水、拒油、防污、抗菌）羊毛制品的研究开发	恒源祥（集团）有限公司	刘瑞旗、陈忠伟、何爱芳、邱洪生、刘静茹
23	棉纤维长度分布在纱线不匀中的影响理论和应用	河南工程学院	朱进忠、苏玉恒、严广松、许瑞超、毛慧贤、马芹、刘云
24	罗拉法棉纤维长度测试及其结果对成纱质量影响的研究	河南工程学院	毛慧贤、朱进忠、张慧、薛永飞、王纪良、盛杰侦、杨明霞
25	还原态多功能纱罗织物研究	燕山大学、苏州圣龙丝织绣品有限公司、北京铜牛股份有限公司、张家港市安顺科技发展有限公司、品德实业（太原）有限公司	李青山、李海龙、马晖、辛婷芬、焦健、洪伟、祁财
26	桑蚕丝／超细金属纤维复合技术及产品开发	金富春集团有限公司、富阳市洞桥镇农业综合服务公司	盛建祥、叶生华、郑明飞、马亚英、黄献洪
27	莱赛尔（Lyocell）大循环针织面料工艺技术开发及其产业化	浙江港龙织造科技有限公司、绍兴中纺院江南分院有限公司	杨宝林、庄小雄、李翠萍、章培军、方虹天、姚登辉、丁飞飞
28	韧皮纤维生物脱胶菌种的选育及苎麻清洁化生产新技术	大连工业大学、沅江市明星麻业有限公司	何连芳、张玉苍、李兴高、刘茵、孙玉梅、叶淑红、赵长新

叁等奖

序号	项目名称	主要完成单位	主要完成人
29	TQ-PTT 弹性色纱线针织面料关键技术研究及产业化	上海题桥纺织染纱有限公司	董勤霞、潘玉明、冯新秘、陆妹红、龚小弟、许静鸣、王婷
30	白竹炭粘胶短纤维的研制开发	山东海龙股份有限公司	王乐军、刘建华、姜明亮、王东、吕翠莲、马君志、吴亚红
31	改性 HDPE 新经编风沙障与沙漠植被恢复技术的研发与推广应用	嵊州市德利经编网业有限公司	王进炎、丁云富、张克军、袁明波、张忆良、宋松燕、竺伟斌
32	大直径耐高温聚苯硫醚单丝的纺制及其改性	南通新帝克纺织化纤有限公司	马海燕、杨西峰、马海冬、栾亚军、马海军
33	三维机织多层增强材料的成套生产技术研发	江南大学、南京海拓复合材料有限责任公司、南京航空航天大学	钱坤、包兆鼎、周光明、曹海建、李鸿顺
34	复合竹浆粘胶短纤维关键技术研发与产业化	成都丽雅纤维股份有限公司、宜宾丝丽雅集团有限公司	冯涛、邓传东、秦玉波、贺敏、张勇、张慧琴、徐发祥
35	水刺非织造布过滤材料的开发	杭州路先非织造股份有限公司	张芸、施淑波、刘北壬、贺铁强、王悦红、裘红、张军
36	双异低弹复合仿毛聚酯纤维的开发	荣盛石化股份有限公司、浙江理工大学、浙江荣翔化纤有限公司	郭成越、凌荣根、徐永明、段树军、孙福、徐光宇、王铁军
37	低熔点共聚酰胺长丝技术研究与应用	江苏省纺织研究所有限公司	周建平、庄秉康、周仪、何卫星
38	粘胶纤维生产废气处理与回收	唐山三友集团兴达化纤有限公司	王培荣、郑秀梅、于文彬、苏文恒、仲伟峰、李百川、杨保
39	长效防蚊聚酯纤维、蚊帐布的技术开发与产业化	绍兴中纺院江南分院有限公司、中国纺织科学研究院、绍兴市云翔化纤有限公司	徐憬、刘伯林、崔桂新、李琳、占海华、徐纪刚、庞明军
40	再生 PLA 改性、纺丝关键技术与产业化	莆田市智诚日用品实业有限公司、绍兴中纺院江南分院有限公司	曾智毅、朱俊伟、李绍敏、李翠萍、方虹天、吴远鹏、叶李生
41	无折纹超纤镜面革的研究	山东同大海岛新材料股份有限公司	刘利坤、张丰杰、陈召艳、苑浩亮、朱晓丽
42	复合粘胶长丝工艺技术研究及推广应用	宜宾丝丽雅股份有限公司	冯涛、邓传东、李蓉玲、张仁友、韦运起、柳永权、朱萍
43	柔软型超亮彩色聚酯纤维系列产品的研制及产业化	浙江华欣新材料股份有限公司	曹欣羊、钱樟宝、周全忠、段亚峰、王安新、许天恩、赵江峰

叁等奖

序号	项目名称	主要完成单位	主要完成人
44	YWRH 系列污水换热器	山东省高密蓝天节能环保科技有限公司	杜敦杰
45	抗电磁辐射功能性高档丝绸产品的研究开发	达利丝绸（浙江）有限公司	林　平、俞　丹、寇勇琦、丁圆圆、韦兰珍
46	充填微胶囊型植物源香味和抗菌复合助剂的研发及其产业化应用	凯诺科技股份有限公司、东华大学、江苏省服装工程技术研究中心	赵国英、王　璐、张建良、张　斌、杨自治、曹俊静、周月琴
47	XLA 弹力色织免烫面料的研究开发与应用	广东溢达纺织有限公司	张玉高、周立明、袁　辉
48	全棉 WQ 永久免烫床品面料的研发	山东魏桥创业集团有限公司	张红霞、李瑞卿、王　伟、王丽萍、刘文辉、郭唐春、贾冠然
49	棉锦交织物活性／中性染料同浆印花和后整理技术开发	浙江嘉欣丝绸股份有限公司、东华大学、浙江嘉欣兴昌印染有限公司	胡传国、谢孔良、沈红卫、刘宏东
50	利用 PID 及 RFID 技术清洁生产纺织用过氧化氢酶、植物染料的研究	江苏省江大绿康生物工程技术研究有限公司、江南大学、赛普（无锡）膜科技发展有限公司	吴保承、刘基宏、杨春霞、沈国强、冯志强、侯秀良、戴永琪
51	高效少水节能小浴比气雾染色工艺技术	东华大学、福建众和股份有限公司	谢孔良、侯爱芹、张俊峰、林志新、高炳生、许　漪
52	艺术染整产业集成化实践与人文染整细分学科构建	江苏华艺集团、江南大学	顾　鸣、梁惠娥、刘素琼、陈　霞、钱卫东、赵爱华
53	自去污功能性面料开发	鲁丰织染有限公司、鲁泰纺织股份有限公司	张建祥、张战旗、任纪忠、于　滨、倪爱红、梁政佰、王维维
54	多色立体珠光特种复合印花技术的研究与应用	济宁如意印染有限公司	孙利明、孙俊贵、文　磊、纪德峰、颜　奇、任泽凤、倪福玲
55	印染水资源分级利用系统	肇庆市佳荣针织染整有限公司	陆　燊、郭　健、梅元炽
56	固相微萃取技术在生态纺织品检测中的应用	国家纺织品服装产品质量监督检验中心（广州）	蔡依军、吴淑焕、张传雄、潘　伟、聂凤明、冯　文、张建扬
57	有色绒毛纤维工业化脱色技术	北京中纺化工股份有限公司	刘夺奎、张　莹、夏新伟、朱文兵、董德敬、赵　平、徐力平
58	纳米级无甲醛低温涂料印染粘合剂的开发	四川省纺织科学研究院、四川益欣精细化工有限责任公司	蒲　实、黄玉华、韩丽娟、罗艳辉、谭　弘、廖正科、吴晋川

叁等奖

序号	项目名称	主要完成单位	主要完成人
59	棉针织印染企业水污染物减排及废水回用集成技术	清华大学、北京国环清华环境工程设计研究院有限公司、江苏坤风纺织品有限公司	周　律、汪诚文、郭世良、张志坤、李　涛、杨海军、赵雪峰
60	新型 CNU 节能锭带的研究开发	济南天齐特种平带有限公司	焦东英、韩高亮、李祖成、张　磊、杨依真、顾润民、毛尚涛
61	SXC 全自动无极选针电脑针织横机	江苏雪亮电器机械有限公司	邵锡良
62	纺织品气流阻力测定仪的研制	山东省纺织科学研究院	林　旭、杨成丽、刘　壮
63	MB403A 型单辊两次烫光机	海宁纺织机械厂	缪朝晖、沈加海、姚　衡、倪祖鑫、陈　华、张少民、赵　虹
64	JWF1383 型条并卷机	经纬纺织机械股份有限公司榆次分公司、上海经纬东兴精梳机械有限公司	谭鸿宾、武振云、苗　凌、徐迎华、沈叙新、金浩城、宋茂林
65	E2178 型高速拉舍尔经编机研制	常德纺织机械有限公司	周孝文、陆安胜、李鸿威、谢宏波、刘　斌、刘卫东、张胜强
66	企业资源管理信息系统技术开发及应用研究	四川省宜宾惠美线业有限责任公司	温政敏、马兴树、王　伟、程远容、杨开荣、夏　春、龙雪红
67	非织造布多层复合与固化新型联合机开发与应用	天津工业大学、福建鑫华股份有限公司	杨建成、蒋秀明、郭秉臣、洪明取、曾鹏程、蔡　剑、周国庆
68	RS4EL 电子横移高速拉舍尔经编机	常州市润源经编机械有限公司	王占洪、刘莉萍、黄　骏、赵红霞、黄　欢、姚　忆、隆正祥
69	锭杆锭盘压配数字化自动生产线研制	中原工学院	崔江红、张济洲、黄宗响、赵则祥、胡　敏、朱继华、王文胜
70	纺织高湿车间新型节能送风系统	中原工学院	杨瑞梁、周义德、王　方、何大四、闫瑞霞、朱彩霞、高　龙
71	高精度干法非织造前处理联合机	太仓市万龙非织造工程有限公司、无锡纺织机械研究所、天津工业大学	范　臻、李瑞芬、钱晓明、吴庆尧、孟　健、赵基平、李立平
72	闭环无缝成型双针床经编机	常州市中迈源纺织机械有限公司	孙嘉良、莫筱红、林光兴、徐美春、孙嘉益、唐义庭

2012 年度中国纺织工业联合会科学技术进步奖获奖项目
壹等奖

序号	项目名称	主要完成单位	主要完成人
1	丝胶回收关键技术及其应用	苏州大学、鑫缘茧丝绸集团股份有限公司	陈国强、邢铁玲、储呈平、盛家镛、王祥荣、孙道权、陈忠立、刘华平、潘世俊
2	面向数字化印染生产工艺检测控制及自动配送的生产管理系统研究与应用	杭州开源电脑技术有限公司	许光明、徐海江、赵万强、汪斌荣、文 律、肖若发、金万树、兰泽林、郑恩利、周 卢、倪晓明、周峰江、胡正明、陈 凯、雷绍阳
3	筒子纱数字化自动染色成套技术与装备	山东康平纳集团有限公司、机械科学研究总院	单忠德、陈队范、吴双峰、鹿庆福、王绍宗、刘 琳、张 倩、靳云发、杨万然、沈敏举、罗 俊、李树广、李 周、徐 鹏、王 苑
4	纤维／高速气流两相流体动力学及其应用基础研究	东华大学	郁崇文、曾泳春、裴泽光、郭会芬
5	年产40万吨差别化聚酯长丝成套技术及系列新产品开发	桐昆集团浙江恒通化纤有限公司、浙江理工大学	陈士良、汪建根、许金祥、王秀华、陈士南、赵宝东、孙燕琳、李红良、沈建伦、沈富强、屠奇民、费妙奇、张尚垛、王剑芳
6	大容量短流程熔体直纺涤纶长丝柔性生产关键技术及装备	新凤鸣集团股份有限公司、东华大学、浙江理工大学	赵春财、王华平、沈健彧、韩 建、王朝生、张顺花、刘春福、崔 利、孙建杰、王青翠
7	废聚酯瓶片液相增粘／均化直纺产业用涤纶长丝关键技术与装备开发	龙福环能科技股份有限公司、中国纺织科学研究院、上海聚友化工有限公司、北京中丽制机工程技术有限公司、扬州志成化工技术有限公司	段建国、沈 玮、汪少朋、仝文奇、邱刚利、郝兴武、王兴柏、雷景波、李传迎、那芝郁、冯希泉、甘胜华、许贤才、王景飞、郑 彀
8	高效节能环保粘胶纤维成套装备及关键技术集成开发	唐山三友集团兴达化纤有限公司	么志义、于捍江、于得友、毕绍新、刘福安、张会平、孙林东、马连明、王培荣、陈学江、刁敏锐、张东斌、曹 杰、李百川、彭宴星
9	年产20万吨熔体直纺涤纶工业丝生产技术	浙江古纤道新材料股份有限公司、浙江理工大学、扬州惠通化工技术有限公司	王建辉、陈文兴、严旭明、曹 文、张 朔、金 革、刘 雄、黄天峰、胡智暄、高 琳、陶家宏
10	功能吸附纤维的制备及其在工业有机废水处置中的关键技术	苏州大学、天津工业大学、苏州天立蓝环保科技有限公司、邯郸恒永防护洁净用品有限公司	肖长发、路建美、李 华、徐乃库、蒋 军、封 严、王丽华、程博闻、徐庆锋、杨竹强、纪顺俊、赵 健、李娜君、安树林、徐小平

壹等奖

序号	项目名称	主要完成单位	主要完成人
11	复合熔喷非织造材料的关键制备技术及其应用	天津工业大学、中国人民解放军总后勤部军需装备研究所、天津泰达洁净材料有限公司	程博闻、赖　军、陈华泽、邢克琪、唐世君、康卫民、刘　亚、宋晓艳、刘秀峰、杨文娟、任元林、苏　扬、钱晓明、庄旭品、焦晓宁
12	高效现代化成套棉纺设备关键技术及工艺开发与应用	经纬纺织机械股份有限公司	蔺建旺、孙文立、冀　新、耿佃云、张新民、刘敦平、师雅并、徐令彬、金光成、管锦文、金宏健、刘兰生、郭东亮、吴承红、路元江
13	GE2296 高速双针床经编机	常州市武进五洋纺织机械有限公司	王敏其、王筱方、赵志初、刘家强、王　水、赵启

贰等奖

序号	项目名称	主要完成单位	主要完成人
1	低盐低碱节能减排染色技术及产品开发	丽源（湖北）科技有限公司	罗润富、李永树、邓今强、刘晓勇、黄德千、毕仁泽、刘孝科
2	丝绸面料平幅液流染色设备及技术产业化应用	杭州喜得宝集团有限公司、浙江理工大学	蔡祖伍、沈一峰、章　健、樊启平、赵之毅、吴明华、王柏忠、杨　雷、沈建琴、周秋宝
3	多组分纤维面料短流程染整加工关键技术及产业化	苏州大学、浙江誉华集团湖州印染有限公司、鑫缘茧丝绸集团股份有限公司、浙江汉邦化工有限公司	王祥荣、汤展雄、眭建华、孙道权、郭蓉如、陈忠立、姚宏伟、雷志涛
4	废旧松香溶剂法提纯再利用新技术	青岛凤凰印染有限公司	戴守华、吴晓飞、王　磊、于　颖、龚　漪、孙振超、刘书庆、郭晓辉、田　鹏
5	针织印染节能减排技术集成及应用	常州旭荣针织印染有限公司	张国成、金　雪、刘慧清、马方方、左凯杰、侯丽丽、吉庆锋
6	泡沫整理技术在轻薄面料上的产业化应用	鲁丰织染有限公司、鲁泰纺织股份有限公司、上海誉辉化工有限公司	王方水、张战旗、于　滨、梁政佰、齐元章、耿　飞、许秋生、王兴南

贰等奖

序号	项目名称	主要完成单位	主要完成人
7	纳米光触媒复合功能纺织品的产业化关键技术及应用研究	上海工程技术大学、上海八达纺织印染服装有限公司、上海龙头家纺有限公司、上海汽车地毯总厂有限公司	沈　勇、王黎明、张惠芳、魏作红、丁　颖、孙　楠、佴智渊、万玉峰
8	柔性可见光光催化空气净化材料关键技术研发及应用	江苏联发纺织股份有限公司、东华大学	何瑾馨、黄长根、刘保江、邹黎明、唐文君、董　霞、姚金龙、于银军、王青翠、向中林
9	新型超柔紧密纺关键技术研发及产业化	山东德源纱厂有限公司、宁波德昌精密纺织机械有限公司	竺韵德、邬建明、王　英、俞雨金、刘雪梅、徐时平
10	基于数码分层技术的真丝提花织物的创新开发	浙江巴贝领带有限公司、浙江理工大学	屠永坚、周　赳、马　爽、李晓萍
11	天然生态多功能高档毛纺织品关键技术研发及产业化	海澜集团有限公司、东华大学、凯诺科技股份有限公司（江苏省服装工程技术研究中心）	赵国英、王　璐、张建良、张　斌、仇志英、王富军、胡晓峰、劳继红、杨自治、薛海军
12	羊毛针织面料低能耗低损伤生产技术及产业化	上海嘉麟杰纺织品股份有限公司	黄伟国、许　畅、单苗苗、董　蓓、杨启东、黄　杨、丁　晨、张国兴、钱爱军、柯　华
13	生物医用柞蚕丝素蛋白材料的关键技术研发	苏州大学	李明忠、卢神州、王建南、孙东豪、刘　雨、吴徵宇
14	高强细旦桑蚕丝的开发及其产业化应用	苏州大学、南通市新丝路蚕业有限公司、江苏新丝路丝业有限公司	沈卫德、李　兵、周家华、邢铁玲、汪　玲、胡征宇、管竞芳、许雅香、严松俊、邱训国
15	三醋酸纤维素用棉浆粕的研制	山东银鹰股份有限公司	陈忠国、曹知朋、臧贻朋、郑春友、吕兴华
16	熔体直纺涤纶长丝纺丝工程模拟计算系统及工艺优化	福建百宏聚纤科技实业有限公司、东华大学	裘大洪、王华平、叶敬平、王朝生、侯向东、叶明军、张玉梅、陈阿斌、刘雪峰、李建武
17	利用废聚酯类纺织品生产涤纶短纤维关键技术研发及产业化	宁波大发化纤有限公司	钱　军、王朝生、王方河、邢喜全、杜　芳、贾同伟、林世东
18	新型改性淀粉浆料生产与替代PVA应用关键技术	鲁泰纺织股份有限公司、东华大学、武汉纺织大学、常州市润力助剂有限公司	杜立新、郭腊梅、张海峰、徐卫林、刘立强、张建祥、王艾德、陈　鹏、赵海涛、倪爱红
19	防透视化学纤维及视觉遮蔽纺织品研发	浙江新建纺织有限公司、舟山欣欣化纤有限公司、总后军需装备研究所、东华大学、江苏阳光集团有限公司、青岛即发集团股份有限公司	施楣梧、王　妮、朱鸣英、张正松、肖　红、王府梅、曹秀明、胡中超、俞　玮、韩大鹏

贰等奖

序号	项目名称	主要完成单位	主要完成人
20	功能性彩色涤纶长丝生产技术	浙江华欣新材料股份有限公司	曹欣羊、钱樟宝、周全忠、许文群、严忠伟、段亚峰、赵江峰、刘万群、韩建强、乔志强
21	聚苯硫醚（PPS）纺粘针刺及水刺非织造过滤材料成套技术	佛山市斯乐普特种材料有限公司、大连华阳化纤工程技术有限公司	李 杰、周思远、申景山、吕大鹏、马丽娟、杨 薇、肖红军、陈让军、颜远铭、何彭兴
22	多头纺熔复合非织造布设备及工艺技术	宏大研究院有限公司	胡 克、刘玉军、安浩杰、朱友会、彭 勤、崔洪亮、许洪哲、慎永日、殷 凡、王海英
23	医用海藻酸盐纤维的研究及应用开发	中国纺织科学研究院、泰州市榕兴抗粘敷料有限公司	孙玉山、骆 强、朱庆松、李月茹、陆伊伦、周 杰、褚加冕、陈功林、李方全、褚省吾
24	航天器用半刚性电池帆板玻璃纤维经编网格材料开发	东华大学、中材科技股份有限公司、常州市武进五洋纺织机械有限公司、常州市第八纺织机械有限公司	陈南梁、祖 群、王敏其、谈昆伦、刘晓明、蒋金华、王 程、汪泽幸、张晨曙、傅 婷
25	针织布预缩机用加厚呢毯技术研究与应用	新疆阿勒泰工业用呢有限责任公司、上海市纺织科学研究院、上海针织九厂	刘兵县、王焕玺、任加荣、张玉华、黄伟锋、马秀玲、黄官升、方 磊、江 春、陈旭炜
26	纺粘非织造气流拉伸关键技术及应用	苏州大学、东华大学	陈 廷、李立轻、王新厚、陈 霞、汪 军、吴丽莉
27	分离用聚偏氟乙烯中空纤维智能膜及其应用研究	天津工业大学	陈 莉、赵义平、冯 霞、董知之、申 向
28	伺服驱动节能挠性剑杆织机	广东丰凯机械股份有限公司	夏云科、吴和福、戴晓晗、张士丹、黄 瑾、陈博民、周健威、游 敏、袁 婷
29	S9 型环锭纺智能落纱机	铜陵市松宝机械有限公司、清华大学、安徽华茂纺织股份有限公司	阮运松、于庆广、索双富、倪俊龙、王腊保、王传满、檀利阳
30	GE118 型拷贝型高精度整经机	常州市第八纺织机械有限公司	谈良春、谈昆伦、陈 龙、谢亚峰、凌伯明、蒋国中、刘勇俊、谢雪松
31	KGFA688 型自动络筒机	江苏凯宫机械股份有限公司	苏善珍、李兆旗、杨玉广、张立彬、苏延奇、江岸英、钱建新、徐昊朗
32	喷气织机技术创新与产业化	苏州大学、江苏万工科技集团有限公司	冯志华、周 平、钱志良、李锡放、芮延年、戴品伟、潘志娟、左保齐、谢 靖、俞桂观

贰等奖

序号	项目名称	主要完成单位	主要完成人
33	超高速数码绣花机的关键技术研究及产业化	浙江理工大学、中捷大宇机械有限公司	胡旭东、陈学军、袁嫣红、吴震宇、陈大鹏、彭来湖、张建义、向 忠、兰永飞、李效新
34	RSJ5/1 贾卡成圈型电子提花经编机	常州市润源经编机械有限公司	王占洪、蒋高明、刘莉萍、唐琪仁、陈如仲、梁峰、黄欢、黄骏、隆正祥、刘亚莉
35	LXC—252SCV 型可变针距电脑横机	江苏金龙科技股份有限公司	金永良、梁志佳、兰先川、付洪平、周万群、石祖良、海 港、孙 健
36	年产 5 万吨涤纶短纤维成套国产化装备和技术	上海太平洋纺织机械成套设备有限公司	陈 鹰、来可华、沈文杰、许云华、肖海燕、孙 葵、冯晓华、刘雄雄、哈承左、王勇民
37	织物撕裂仪检定装置的研制	河南省纺织产品质量监督检验测试中心	刘晓丹、王双华、陈长海、张 森、李 升、朱 丹、张文霞、憨文轩
38	CT3000 条干均匀度测试分析仪	陕西长岭纺织机电科技有限公司	李永红、史新林、孙新宇、董 海、杨晓峰、杨 虎、吕志华、秦少雄、王 勤、郭鹏辉
39	面向纺织服装产业集群区域产品创新的 asp 平台开发和应用	杭州爱科电脑技术有限公司、杭州宏华数码科技股份有限公司	徐园园、周 华、葛 明、曹程程
40	浓碱浓度在线检测与自动配液控制技术	天津工业大学	蒋秀明、赵世海、袁汝旺、张 牧、佘威智、杨建成、杨公源、周国庆、赵永立、董九志
41	GB/T 24252—2009《蚕丝被》	杭州市质量技术监督检测院、浙江丝绸科技有限公司、鑫缘茧丝绸集团股份有限公司、杭州瑞得寝具有限公司、辽宁美麟集团有限公司、杭州红绳纺织品有限公司、浙江银桑丝绸家纺有限公司	顾红烽、周 颖、钱有清、储呈平、林德方、杨永发、郦小漫、朱金毛、林 平、沈福珍
42	FZ/T 64014—2009《膜结构用涂层织物》	中国纺织科学研究院、中国钢结构协会空间结构分会、中国产业用纺织品行业协会	郑宇英、蓝 天、章 辉、张毅刚、李桂梅、薛素铎、吴金志
43	GSB16—2262—2008 山羊绒纤维外观形态图谱	内蒙古鄂尔多斯羊绒集团有限责任公司、国家羊绒制品工程技术研究中心、内蒙古自治区纤维检验局、国家毛绒质量监督检验中心	张 志、张梅荣、杨桂芬、田 君、孟令红、曹渭芳、红 霞、邱瑞卿、张玲娥

贰等奖

序号	项目名称	主要完成单位	主要完成人
44	基于生态工业园的咸宁苎麻纺织产业集群式供应链耦合研究	武汉纺织大学	黎继子、刘春玲、李 宇、李 明、夏东升、左志平、黄纯辉、周兴建、曹晓刚、杨卫丰
45	纺织服装产业技术路线图——广东省纺织服装产业科技管理创新实践	广东纺织职业技术学院、香港理工大学、香港理工大学深圳研究院	熊晓云、李 翼、王建君、王若梅、刘 森、胡军岩、向卫兵、姚 磊、薛福平、刘宏喜
46	《纺织工业调整和振兴规划》政策实施效果分析及建议	中国纺织经济研究中心	孙淮滨、田 丽、赵明霞、郑伯华
47	《高性能防护纺织品》	天津工业大学、中国纺织出版社	霍瑞亭、杨文芳、田俊莹、牛家嵘、孔会云
48	《汽车用纺织品的开发与应用》	东华大学出版社有限公司、上海市纺织工程学会、上海工程技术大学	姜 怀、林兰天、戴瑾瑾、龚杜弟、张 静
49	《染整工艺与原理》（上、下册）（普通高等教育"十一五"国家级规划教材（本科））	东华大学、中国纺织出版社	阎克路、赵 涛、冯 静、秦丹红
50	《针织学》	东华大学	龙海如、孔会云、宋广礼、陈南梁、蒋高明、李显波、吴济宏、杨 昆
51	《织造机械》（第2版）	东华大学、中国纺织出版社	陈 革、何 勇、孙志宏、周其洪、江海华、邓大立、李毓陵
52	普通高等教育"十一五"国家级规划教材《服装立体裁剪（提高篇）》	东华大学出版社有限公司、东华大学	张文斌、于晓坤、谭 英、王建萍、刘咏梅、张向辉、方 方、张道英、李兴刚、余国兴
53	《服装展示设计》（普通高等教育"十一五"国家级规划教材（本科））	天津工业大学、中国纺织出版社	张 立、王芙亭、张晓芳、冯芬君、韩雪飞

叁等奖

序号	项目名称	主要完成单位	主要完成人
1	电晕技术在浆纱工艺中的研究及应用	鲁丰织染有限公司	张战旗、王艾德、于 滨、苏红升、翟秀清、张继瑜、张运涛
2	气流染色新技术开发及应用	浙江怡创印染有限公司	钱淼根、龚建伟、傅继树、朱建明、王俊科、朱立钢、刘 晓
3	羊毛（羊绒）棉面料印染清洁生产技术	福建众和股份有限公司	高炳生、张俊峰、许 漪、李聚酶
4	双氧水低温漂白体系新技术的研究	河南工程学院	王 宏、李晓春、曹机良、杨 柳、吕名秀、王佳欣、安 刚
5	耐久型高发射率远红外热感天然纤维关键技术及产业化	苏州大学、江苏玖久丝绸股份有限公司、苏州苏纳特科技有限公司	郑 敏、王作山、尤康哲、杨 泸、鲁 娟、李 艺、尚笑梅
6	印染废水深度处理及回用技术的研究开发	广东溢达纺织有限公司	张玉高、邱孝群
7	粘胶纤维工业废水物化处理工艺	宜宾丝丽雅股份有限公司、宜宾海丝特纤维有限责任公司	徐绍贤、邓传东、瞿继丹、张 扬、冯 涛、袁 灿、张岷青
8	印染废水处理技术及应用研究	西安工程大学、咸阳际华新三零印染有限公司	同 帜、陈安康、郭雅妮、仝攀瑞、于 翔、李海红
9	防紫外线耐光阻燃窗帘面料开发及产业化	浙江莱美纺织印染科技有限公司、东华大学	蒋幼明、蔡再生、高加勇、徐 壁、徐丽慧、宋晓晓、王 鹏
10	高品质真丝绸后整理关键技术研究	达利（中国）有限公司、浙江理工大学	吴 岚、余志成、翁艳芳、钱士明、杨 斌、汪 澜、王晓芳
11	水性金属光泽涂层胶	辽宁恒星精细化工有限公司	杨 青、陶忠华、刘 杰、李秀颖、郑文慧、赵向君、孙海娥
12	静电植绒面料高效阻燃、防水及易去污复合功能整理技术研究	愉悦家纺有限公司	刘曰兴、王玉平、张国清、李爱华、赵爱国、苏长智、张培艳
13	吸湿快干抗菌复合弹力针织牛仔面料研究	四川省纺织科学研究院	周亚利、张 宇、余 阳、杨泽彬、吴秀文、费 楷、唐明启
14	无盐染色清洁生产关键技术研究	浙江省现代纺织工业研究院、东华大学、绍兴金球纺织整理有限公司	谢孔良、侯爱芹、胡克勤、范艳苹、罗海娟、陆金根、樊健美
15	含维生素与有机锗材料的保健纺织品产业化开发技术	上海红富士家纺有限公司、上海市纺织科学研究院、上海幸福纺织科技有限公司	张 庆、吴文浩、李慧霞、董服龙、李颖君、苏 玲、姚晓静

叁等奖

序号	项目名称	主要完成单位	主要完成人
16	隐形印花技术在防红外军用迷彩面料上的应用	襄樊新四五印染有限责任公司	张 艳、邓小红、邱双林、曾宪华、张 彬、刘 勇
17	环保型有机硅改性聚丙烯酸酯类高分子助剂的开发、应用及产业化	武汉纺织大学	权 衡、朱 虹、杨 振、刘 玲、孟 啸
18	纯棉衬衫的智能温控技术	广东溢达纺织有限公司	张玉高、周立明、李景川、李子明、赵 莹、郑洁雯
19	可控"视窗"单向导湿性面料的成套关键技术研发与应用	东华大学、福建省石狮市港溢染整织造有限公司	闵 洁、杨勇毅、陈 伟、严瑞祥、杨 卓、刘保江
20	系列功能性环保遮光面料的技术开发	浙江三志纺织有限公司	张声诚、韩耀军、丁水法、叶德勋、袁晶晶、吴建武、陈小芳
21	功能性洁菌家纺产品后整理技术的研究与应用	紫罗兰家纺科技股份有限公司、苏州大学、南通苏州大学纺织研究院	杨兆华、王国和、吴绥菊、陈永兵、汪明星、周正华、孙利萍
22	异收缩涤纶弹性针织面料技术开发与应用	福建凤竹纺织科技股份有限公司	常向真、付春林、张 鑫、唐亚军、韩思民
23	系列翻丝交换添纱针织面料的开发	浙江港龙织造科技有限公司	邵春来、章培军、王亚红、冯世英、孙桂圣、彭永能、李日清
24	新型再生纤维素纤维及其产品的对比研究	河南工程学院	周 蓉、刘 杰、杨明霞、毛慧贤、邹清云、刘 云、普丹丹
25	赛洛包芯弹力竹节纱生产技术	山东岱银纺织集团股份有限公司	李广军、谢松才、王长青、刘 涛、徐仁利、杨延瑞、刘 美
26	基于相变调温机理的功能性袜子的研究与开发	浙江健盛集团股份有限公司、浙江理工大学	张茂义、郭向红、陈慰来、汤战昌、方 伟、陈建勇、朱建效
27	耐久型纳米防水防污粗毛纺面料关键技术研究及应用	浙江神州毛纺织有限公司	牟水法、张金莲、王建华、王洪海、丁昊元、平陈元、周 健
28	多组分功能性机织面料的研发与生产关键技术	丹阳市丹盛纺织有限公司	邵育浩、孙喜平、王华强、傅华烨、刘丽萍
29	绣花效果面料的提花实现与产品开发	杭州万事利丝绸科技有限公司、浙江理工大学	张红霞、马廷方、祝成炎、李启正、鲁佳亮、季文革、张祖琴
30	扭妥纺工业化成套技术推广及其产业化	鲁泰纺织股份有限公司、香港理工大学	郭 恒、陶肖明、张英芬、于守政、邹萌萌、李克银、徐宾刚
31	功能性复合生态柔软纱线的开发及产业化	江苏大生集团有限公司	马晓辉、赵瑞芝、汪吉良、张红梅、李 燕、殷 华、张 慧

叁等奖

序号	项目名称	主要完成单位	主要完成人
32	生态轻质膨松化高比率木棉／涤纶新型复合纺纱技术与产品	东华大学、福建省金泰纺织有限公司	于伟东、杜赵群、陈诗钟、刘洪玲、刘晓艳
33	新型吸湿发热功能针织面料加工技术研究	上海帕兰朵高级服饰有限公司、张家港天隆针织服饰织造有限公司	方国平、高小明、钱维良、林润琳、张佩华、刘富荣、江 春
34	聚四氟乙烯薄膜复合异型纤维／棉混纺嵌入式防静电面料产品的开发	浙江蓝天海纺织服饰科技有限公司、绍兴中纺院江南分院有限公司	陈明青、朱俊伟、张 港、李翠萍、陈兆祥、方虹天、庞明军
35	羊毛物理细化关键技术与制品开发及产业化	天津纺织工程研究院有限公司、天津天纺投资控股股份有限公司、天津天纺投资控股有限公司抵羊分公司	吕增仁、王振声、胡艳丽、李 伟、吴爱民、刘建华、杨素芬
36	双面割绒带的技术开发	浙江三鼎织造有限公司	丁军民、唐三湘、唐青章、周 博、杨大兵、滕江黎
37	羊毛染色体系节能节水新技术的开发及应用	山东南山纺织服饰有限公司、西安工程大学	潘 峰、邢建伟、李世朋、栾文辉、宋 萍、张国生、尚秀杰
38	物理变性聚酯等新型纤维在毛针织领域的产业化应用研究	北京雪莲集团有限公司技术中心、北京雪莲时尚纺织有限公司	邵志京、苗晓光、张贵彬、陈东军、张荣祥、刘 敏
39	涤纶超细旦纤维在毛毯上的开发与应用	临沂绿因工贸有限公司	陈喜斌、张 军、田凤宽、杨秀良、张 盼、田家忠、陈振华
40	系列高支功能性色织面料加工关键技术及产业化	福斯特纺织有限公司、江南大学	杨国锋、曹海建、王天瑞、许玉妹、俞科静、高伟良、刘锁银
41	永久型抗静电羊绒面料关键技术研发	浙江神州毛纺织有限公司	牟水法、张金莲、王建华、王春荣、吴玉锌、丁昊元、王洪海
42	新型印花毛织物的技术研究与应用	山东济宁如意毛纺织股份有限公司	邱 栋、张庆娟、王科林、秦 光、张佐平、罗 涛、孟 霞
43	高温闪蒸技术生产分纤高弹丝绵研究及其产业化	浙江大学、浙江花神丝绸集团有限公司、鑫缘茧丝绸集团股份有限公司、杭州丝绸之府实业有限公司、浙江神神丝绸家纺有限公司	朱良均、潘新平、陈忠立、蔡 杰、闵思佳、杨明英、冯志红
44	轮椅功能裤人性化结构优化研究	德州学院、德州瑞博服装有限公司	王秀芝、李学伟、赵 萌、孟秀丽、尹秀玲
45	金属纤维含量测定分析研究	河南省纺织产品质量监督检验测试中心	王双华、秦 峰、马道林、赵东兵、顾迎庆、陈 童、李 升

叁等奖

序号	项目名称	主要完成单位	主要完成人
46	超细纤维绒面革的研究与开发	烟台万华超纤股份有限公司	王 荣、于洪涛、李 革、曹培利、曾跃民、陆亦民、胡昭雪
47	易染型海岛PTT牵伸丝的研制	苏州龙杰特种纤维股份有限公司	席文杰、赵满才、秦传香、秦志忠、关 乐、周正华、王建新
48	高剥离耐水解聚氨酯复合材料的研发	泉州万华世旺超纤有限责任公司	李 革、蔡鲁江、颜俊 、李 杰、李寿光
49	细旦粘胶长丝技术开发	保定天鹅股份有限公司	张志宏、张双辰、杜树新、荣春光、张 锋、田文智、李 利
50	耐氯氨纶纤维的制备技术及产业化	浙江华峰氨纶股份有限公司	席 青、梁红军、费长书、张礼华、吴国华、李建通、李震霄
51	高性能复合滤料开发与应用技术	厦门三维丝环保股份有限公司	蔡伟龙、罗祥波、罗章生、郑锦森、郑智宏、洪丽美、李艺君
52	基于超声波技术的非织造材料后整理多功能一体机	福建鑫华股份有限公司、天津工业大学	洪明取、杨建成、郭秉臣、蒋秀明、曾鹏程、蔡 剑、周国庆
53	轻质、高强碳纤维复合材料传动部件	连云港鹰游碳塑材料有限责任公司、连云港鹰游纺机有限责任公司	张国良、徐 艳、许太尚、王宏亮、陈连会、赖晶岩、张文权
54	超细纤维合成革的高吸湿等新型整理技术研究及产业化	山东同大海岛新材料股份有限公司	王乐智、苑浩亮、刘利坤、张丰杰、付希晖、赵长贤、付其明
55	再生涤纶纺粘热轧非织造布技术	山东泰鹏无纺有限公司	刘建三、范 铭、王绪华、李桂芹、张 静、张成国、张泉城
56	竹炭纤维（POY-DTY）关键技术及产业化开发	江苏鹰翔化纤股份有限公司、苏州大学	高永明、管新海、沈家康、赵广斌、王国柱
57	阳离子高收缩涤纶短纤维关键技术及产业化开发	上海德福伦化纤有限公司	杨卫忠、冯忠耀、陆正辉、邱杰锋、贺聿金、孔彩珍、周桂章
58	管道修复用管状非织造布复合材料的结构、性能及制备技术	天津工业大学	王 瑞、张淑洁、马崇启、邓新华、王春红、刘 雍、刘 星
59	混凝土用改性高强高模聚乙烯醇（PVA）纤维的研发及产业化	安徽皖维高新材料股份有限公司	高祖安、冯加芳、李康荣、陈晓明、黄鲁军、张俊武、崔明发
60	RFTL60高速毛巾织机	山东日发纺织机械有限公司	李子军、王开友、迟连迅、姜 英、李淑芳、马自信、魏 涛
61	JWF1562系列环锭细纱机	经纬纺织机械股份有限公司榆次分公司	田克勤、李增润、王建根、杨为民、张满枝、剌志勇、石华睿

叁等奖

序号	项目名称	主要完成单位	主要完成人
62	JWF1206 型梳棉机	经纬纺织机械股份有限公司、恒天重工股份有限公司	刘延武、郭东亮、徐国胜、邹永泽、白金报、陈彩霞、李瑞霞
63	GA311 型三浆槽浆纱机	恒天重工股份有限公司、江苏联发纺织股份有限公司、武汉同力机电有限公司	刘延武、崔运喜、吴　刚、黄长根、李新奇、刘红武、董意民
64	QYJ30 系列气加压摇架	常德纺织机械有限公司	潘文红、俞宏图、刘昌勇、宋　浩、周　平、喻东兵、揭　露
65	双针床经编电脑提花毛绒生产关键技术及产业化	江南大学、常熟市欣鑫经纬编有限公司	蒋高明、缪旭红、夏风林、丛洪莲、吴志明、张　琦、张爱军
66	LMV561 自动平网磁棒印花机	连云港鹰游纺机有限责任公司	郑江文、徐传功、潘海琳、司朝彬、李学波、叶燕平、刘永宏
67	YJ960 型粗旦丝加弹机	浙江越剑机械制造有限公司、绍兴中纺院江南分院有限公司	李　兵、胡臻龙、崔桂新、李志军、张　艳、丁飞飞、孙金龙
68	医用材料阻水性能测试仪的研制	山东省纺织科学研究院	林　旭、何红霞、付　伟、焦　亮
69	航空内饰材料阻燃性能测试仪的研制	山东省特种纺织品加工技术重点实验室、山东省纺织科学研究院	林　旭、杨成丽、刘　壮、李　政、冯洪成
70	纺织静电电阻测试仪	陕西元丰纺织技术研究有限公司	张普选、赵新平、徐远志、穆　岩、陈　波
71	水冷式日晒气候老化仪	温州方圆仪器有限公司、温州市质量技术监督检测院	卢立晃、李文霖、朱克传、张大为、林　君、周雄伟、周梦婷
72	JWXDL05 系列喷气织机电控系统	北京经纬纺机新技术有限公司	张卫东、李加波、陈树杰、于亚坤、刘　昂、侯文杰、李秋梅
73	家用纺织品设计数据库的开发及应用	苏州大学、南通科尔纺织服饰有限公司、南通苏州大学纺织研究院	施建平、王养飞、张长胜、王国和、成海军、彭勇刚、王　萱
74	基于非接触测量的动态人体与结构研究及其在功能服装中的应用	中原工学院	陈晓鹏、李晓鲁、马艳锋、汪秀琛、王　诤、朱方龙、李克兢
75	直升机非回转体复合材料零件缠绕成型技术及装备	天津工业大学、惠阳航空螺旋桨有限责任公司	杨　涛、高殿斌、刘国林、姜　锋、刘晓辉、马　健、杨公源
76	FZ/T34008——2009《汽车用亚麻座垫》	黑龙江省纺织产品质量监督检验测试中心、黑龙江兰亚实业有限公司、兰西龙锦亚麻制品有限公司	杨　威、付成彦、于长富、赵俊杰、张玉玲、李　玲、刘　军

叁等奖

序号	项目名称	主要完成单位	主要完成人
77	FZ/T32001-2009《亚麻纱》	黑龙江省纺织产品质量监督检验测试中心、大庆肇融亚麻纺织有限公司、齐齐哈尔亚麻纺织厂	李淑华、冯小凡、赵庆典、秦松颖、刘玉馥、李 玲、王维维
78	GB/T 8685-2008 和 GB/T 24280-2009 纺织品维护标签规范及符号选择指南	中国纺织科学研究院、浙江省检验检疫科学技术研究院	郑宇英、徐 路、赵珊红、徐晓春、斯 颖、吴俭俭、谢维斌
79	四川省茧丝绸行业"十二五"发展规划研究	四川省丝绸协会、四川省丝绸科学研究院、四川省蚕业管理总站	陈祥平、范小敏、杨 彪、罗达天、程 明、潘 荣、谢忠良
80	北京服装自主品牌个性的国际化研究	北京服装学院	宁 俊、莫世杰、贾荣林、朱光好、欧阳夏子、韩 燕、陆亚新
81	现代纺织国有企业变革与创新机制研究	四川宜宾丝丽雅集团有限公司	冯 涛、熊泽逊、胡裕刚、杨 红、王 义
82	NVC(国家价值链)下纺织服装业品牌重塑——以浙江为例	浙江理工大学	邬关荣、夏 帆、章守明、陈雪颂、刘 胜、王永杰
83	西安纺织城地区(唐华集团)纺织产业重组整合研究	西安工程大学	郭 伟、李军训、姜 铸、向国华、张克英、李 霞、凌 旭
84	我国纺织工业竞争力比较研究	天津工业大学	赵 宏、马 涛、李树生、张 亮、乔艳津、王 巍、朱春红
85	《纺织材料》	西安工程大学、河南工程学院、安徽职业技术学院、成都纺织高等专科学校、中国纺织出版社	张一心、朱进忠、袁传刚、李 一、江海华
86	《针织工艺学》(第2版)	成都纺织高等专科学校	贺庆玉、刘晓东、孔会云、熊 宪、张并劭
87	《针织物染整》"十一五"普通高等教育本科部委级规划教材	天津工业大学、中国纺织出版社	吴赞敏、孟庆涛、冯 静、秦丹红
88	《染整工艺实验教程》普通高等教育"十一五"国家级规划教材(本科)	北京服装学院、中国纺织出版社	陈 英、冯 静、张丽平、王建明、杨文芳、赵云国
89	《高分子材料加工原理》(第2版)(普通高等教育"十一五"国家级规划教材(本科))	东华大学、中国纺织出版社	沈新元、蔡绪福、郭 静、周静宜、李青山、吉亚丽、李东宁
90	《纺织机械原理与现代设计方法》	天津工业大学	杨建成、周国庆、赵永立、蒋秀明
91	《纺织空调除尘节能技术》	中原工学院	周义德、杨瑞梁、吴 杲、高 龙、何大四、樊 瑞、王 方

叁等奖

序号	项目名称	主要完成单位	主要完成人
92	《纺织科技前沿》	江南大学	葛明桥、吕仕元、李永贵、陈国强、张 瑜、吴绥菊、曹斯通
93	《进出口纺织品检验检疫实务》纺织高等教育"十一五"部委级规划教材	西安工程大学、陕西出入境检验检疫局、中国纺织出版社、绍兴出入境检验检疫局、南京出入境检验检疫局	郭晓玲、本德萍、欧阳宏、崔俊芳、印梅芬、王香香、刘延华
94	《针织服装品牌企划手册》	江南大学	沈 雷
95	《出口服装商检实务》普通高等教育"十一五"国家级规划教材（高职高专）	惠州学院、中国纺织出版社	陈学军、陈 霞、刘晓娟、孙 玲、范 莉
96	《中西服装发展史》（第二版）	武汉纺织大学、中南民族大学、中国纺织出版社	冯泽民、刘海清、金 昊、魏 萌
97	《服装工效学》（服装高等教育"十一五"部委级规划教材）	中国纺织出版社、北京服装学院	张 辉、周永凯、黎 焰、张晓芳、宗 静
98	《服饰图案设计》（第4版）（服装高等教育"十一五"部委级规划教材）	天津师范大学、中国纺织出版社	孙世圃、沈晓平、朱医乐、李美霞、马彦霞、张晓芳、韩雪飞
99	《服装工业制板》（第2版）	北京服装学院、中国纺织出版社	潘 波、赵欲晓、张晓芳、韩雪飞
100	《服装制作工艺——基础篇／成衣篇(第2版)》(服装高职高专"十一五"部委级规划教材)	浙江理工大学、中国纺织出版社	鲍卫君、朱秀丽、张晓芳、徐麟健、张芬芬、郭 沫、贾凤霞
101	《男／女装款式和纸样系列设计与训练手册》	北京服装学院、中国纺织出版社	刘瑞璞、刘 莉、邵新艳、黎晶晶、张晓芳、刘 磊、魏 萌
102	《服装流行学》	西安工程大学	张 星、梁建芳、袁 斐、王玉娟、周 芸、来佳音、刘 磊
103	《服装号型标准及其应用》（第3版）（服装高等教育"十一五"部委级规划教材）	西安工程大学、中国纺织出版社	戴 鸿、张 睿、张晓芳、郭 沫
104	《服装生产流程与管理技术》（第二版）纺织服装高等教育"十一五"部委级规划教材	西安工程大学	蒋晓文、周 捷
105	《服装商品企划学》（第二版）	东华大学、中国纺织出版社	李 俊、王云仪、于 森、向映宏、李勇智、张冬霞、冯若愚

2013 年度中国纺织工业联合会科学技术进步奖获奖项目
壹等奖

序号	项目名称	主要完成单位	主要完成人
1	聚酰亚胺纤维产业化	长春高琦聚酰亚胺材料有限公司、吉林高琦聚酰亚胺材料有限公司、中国科学院长春应用化学研究所	杨 诚、丁孟贤、邱雪鹏、刘建国、滕仁岐、李国民、高连勋、张国慧、刘 斌、卢 晶、孙锐锋、刘芳芳、杨军杰、康传清、林书君
2	高性能真丝新材料及其制品的产业化	苏州大学、江苏华佳丝绸有限公司、张家港耐尔纳米科技有限公司	陈宇岳、林 红、王春花、俞金键、张 峰、眭建华、徐海祥
3	CM101-350 型多功能缩绒柔软整理机	泰安康平纳机械有限公司	鹿庆福、刘 琳、罗 俊、朱从利、赵会堂、龚华刚、宋召辉、李 文、孟维敏、沈卫刚、王 东、王 勇、范 伟、王瑞辉、刘继平
4	高性能聚乙烯纤维干法纺丝工业化成套技术	中国石化仪征化纤股份有限公司、南化集团研究院、中国纺织科学研究院	孙玉山、陈建军、储 政、郝爱香、孔令熙、杨 勇、魏家瑞、张 琦、王祥云、毛松柏、陈功林、周桂存、高玉文、李方全、孔凡敏
5	高效节能棉纺精梳关键技术及成套设备	江苏凯宫机械股份有限公司、中原工学院、上海昊昌机电设备有限公司、鲁泰纺织股份有限公司、浙江锦峰纺织机械有限公司、河南工程学院	任家智、苏善珍、崔世忠、张立彬、张一风、位迎光、王方水、马 驰、钱建新、贾国欣、马仁芝、戴步忠、郭俊勤、原建国、周庆泉
6	纺织品低温前处理关键技术	东华大学、华纺股份有限公司、青岛蔚蓝生物集团有限公司	毛志平、罗维新、钟 毅、林 琳、徐 红、吕家华、王力民、刘鲁民、张琳萍、闫英山、李春光、秦新波、林 宁、周英俊
7	图像自适应数码精准印花系统	浙江大学、杭州宏华数码科技股份有限公司、浙江理工大学、杭州电子科技大学	陈 纯、周 华、李卫明、许黎明、朱文华、陈 刚、金小团、黄宇渊、范运舫、银倩琳、王文红
8	负载金属离子杂化材料设计制备及功能纤维与制品开发	东华大学、上海德福伦化纤有限公司、太仓荣文合成纤维有限公司、上海康必达科技实业有限公司	朱美芳、孙 宾、孔彩珍、张佩华、周 哲、蔡再生、陈 龙、全 潇、俞 昊、戴彦彤、叶益红、吴文华、张 瑜、陈彦模
9	年产 5000 吨 PAN 基碳纤维原丝关键技术	吉林碳谷碳纤维公司、长春工业大学、中钢集团江城碳纤维有限公司、吉林市吉研高科技纤维有限责任公司	王进军、敖玉辉、马 俊、张会轩、庄海林、周宝庆、王继军、李连贵、王红军、杨 光、张永明、赵春田、赵宏林、解治友

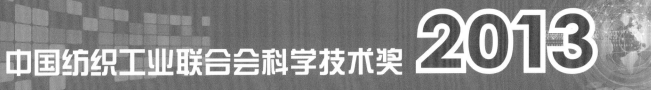

壹等奖

序号	项目名称	主要完成单位	主要完成人
10	千吨级纯壳聚糖纤维产业化及应用关键技术	海斯摩尔生物科技有限公司	胡广敏、周家村、王华平、张明勇、朱新华、黄伦强、林 亮、刘 琳、张 恒、姚勇波
11	半糊化节能环保上浆及浆料制造新技术	天华企业发展（苏州）有限公司、西安工程大学	武海良、徐建新、沈艳琴、史博生、陈守勤、吴志彤、李冬梅、翁瑞波、丁 杰、倪 艳、刘 伟、李 栋、汤一辰、李雯雯
12	HP 全自动电脑横机关键技术研发及产业化	宁波慈星股份有限公司	孙平范、詹善全、郑 勇、温跃年、刘道成、卢德春、徐卫东、胡跃勇、李立军、陈中平、杨 树、马健哲、丁永青
13	XJ128 快速棉纤维性能测试仪	陕西长岭纺织机电科技有限公司	吕志华、肖中高、郭鹏辉、闫 亨、冯省刚、袁光辉、郭红生、贾 平、魏永东、齐明德、朱吉良、杨 虎、董 海、王朝旭、徐 东
14	熔融纺丝法聚偏氟乙烯中空纤维膜制备关键技术及其产业化应用	天津工业大学、天津膜天膜科技股份有限公司、天津创业环保集团股份有限公司	肖长发、林文波、胡晓宇、张宇峰、环国兰、唐福生、刘 振、黄庆林、安树林、刘建立、戴海平、李娜娜

贰等奖

序号	项目名称	主要完成单位	主要完成人
1	防护服的多功能设计研发及性能评价	东华大学、深圳优普泰服装科技有限公司	李 俊、王云仪、张向辉、王 敏、李小辉、张昭华、于 淼、卢业虎、赵蒙蒙、辛丽莎
2	宽幅遮光产品生产关键技术的开发及产业化应用	宿迁恒达纺织有限公司	滕召部、马帮奎、周守丽、阴光明
3	管状组织饰条面料规模化生产技术研究	鲁丰织染有限公司、鲁泰纺织股份有限公司	王方水、张战旗、王艾德、于 滨、苏红升、翟秀清、齐元章、冯 健、张运涛、高永森
4	新型夏季吸湿快干牛仔产品开发及其产业化	山东岱银纺织集团股份有限公司、武汉纺织大学	李广军、陈 军、谢松才、亓焕军、刘 涛、赵鹏勃、赵兴波、赵玉水、徐仁莉、赵进慧

贰等奖

序号	项目名称	主要完成单位	主要完成人
5	多功能高档羽绒纺织品的关键技术及产业化	浙江理工大学、萧山新塘街道北天鹅羽绒制品行业技术研究中心、浙江北天鹅股份有限公司、荣盛石化股份有限公司、上虞弘强彩色涤纶有限公司、杭州万谷纺织有限公司	张红霞、祝成炎、毕建伟、孙 福、谢建强、贺 荣、李艳清、田 伟、王雪琴、苏 淼
6	新型功能性仿棉纱线面料关键技术及产品的开发	江苏大生集团有限公司	马晓辉、赵瑞芝、汪吉艮、佘德元、张红梅、殷 华、张 慧
7	羊毛／芳纶阻燃与拒水防油复合功能织物技术开发与应用	山东南山纺织服饰有限公司、西安工程大学、烟台南山学院	潘 峰、沈兰萍、刘刚中、王进美、郭小云、曹贻儒、陈亭汝、李世朋、栾文辉、盛光英
8	兔毛纺织品防脱毛技术的研究与应用	绍兴文理学院、绍兴亿祥毛纺织有限公司、绍兴市柏富毛纺织有限公司、浙江冠友服饰集团责任有限公司	奚柏君、李旭明、郭筱洁、黄金虎、孙百富、丁阿良、娄钰华
9	生态蚕丝被的研发及其产业化	南通那芙尔服饰有限公司、苏州大学、鑫缘茧丝绸集团股份有限公司	潘世俊、石继均、邢铁玲、梅德祥、盛家镛、胡小明、丁桂莲
10	单梭口双面丝绒加工技术研究及产业化	嘉兴市天之梦丝绒科技有限公司、浙江理工大学、嘉兴市天时纺业有限公司	朱永祥、顾克城、金子敏、许国栋、王雪琴、王小丁、曹 琨、朱晓娥、徐 明、陈燕青
11	导湿干爽功能面料的生产关键技术	武汉纺织大学、武汉依翎针织有限公司、际华三五零九纺织有限公司	吴济宏、黄建华、迟庆华、徐卫林、苗馨匀、程德山、蔡光明、叶洪光、张 振、钮立忠
12	高档导湿快干羊毛混纺针织面料关键技术及产业化	上海嘉麟杰纺织品股份有限公司、浙江新澳纺织股份有限公司	许 畅、单苗苗、丁 晨、董 蓓、王俊丽、张国兴、周效田、沈剑波、陆卫国、杨秀芳
13	木棉多功能纺织品的制造关键技术与产业化	东华大学、浙江三弘集团有限公司、际华三五四二纺织有限公司、重庆市金考拉服饰有限公司	王府梅、杨建明、邱卫兵、章军华、徐广标、周 诚、刘 杰、严金江、崔 鹏、蒋敏庆
14	高回弹经编氨纶纤维	浙江华峰氨纶股份有限公司	席 青、李 娟、张所俊、赵晓阳、李晓庆、刘京奇、费长书、温作杨
15	32头平行纺FDY关键技术与装置产业化	大连合成纤维研究设计院股份有限公司、常熟恒意化纤有限公司	郭大生、陈建云、刘 政、吉建德、刘 旭、马英杰、马铁峥、张 凯、谢竹青、胡长虹

贰等奖

序号	项目名称	主要完成单位	主要完成人
16	高效蓄能型多色稀土夜光纤维的制备关键技术及产业化	江南大学、江苏国达线路成套有限公司	葛明桥、邱　华、罗　军、汤国良、张技术
17	连续纺多孔细旦粘胶长丝技术开发	恒天天鹅股份有限公司	张志宏、李建伟、师春生、杜树新、张红江、谭晓军、林　涛、张志涛、田文智、秦喜军
18	多元共聚酯连续聚合和柔软易染纤维制备及染整技术	东华大学、上海联吉合纤有限公司	顾利霞、何正锋、蔡再生、朱　毅、王学利、杜卫平、王华平、邱建华、付昌飞、谢宇江
19	高湿模量纤维素纤维关键技术研究与产业化	唐山三友集团兴达化纤有限公司	于得友、么志高、毕绍新、张会平、于捍江、高　悦、林紫丽、赵秀媛、郑会廷、徐广成
20	医疗卫生用纺熔柔软非织造材料开发与应用	山东俊富非织造材料有限公司、山东省非织造材料工程技术研究中心	陈光林、彭文忠、宁　新、谭亦武、张天雷、罗　俊、张　哲、郝小义、张华英、王西山
21	辐射接枝法制备高性能低压荷电中空纤维纳滤膜研究	天津工业大学	魏俊富、赵孔银、张　环、王会才、王晓磊、代　昭、胡　芳
22	氧化铝超细纤维关键制备技术及应用研究	天津工业大学、中钢集团洛阳耐火材料研究院有限公司、威程（天津）科技有限公司	康卫民、李红霞、傅顺德、徐建峰、庄旭品、刘　雍、张小研、王新福、李亚滨、关克田
23	海藻酸盐纤维及其生物医用敷料产业化	广东百合医疗科技有限公司	王晓东、王　锐、岑荣章、郭思栋、莫小慧、陶炳志、徐海涛、罗予东、廖伟军、石小玲
24	两浴冷轧堆染色技术的研究与应用推广	鲁丰织染有限公司	王方水、张战旗、梁政佰、于　滨、齐元章、苏金秀、许秋生、李法敏
25	棉及涤棉织物高效冷轧堆前处理关键技术研究	北京中纺化工股份有限公司、辽宁宏丰印染有限公司	李瀚宇、赵　平、邓树军、齐文玉、朱清峰、罗灯洪、未芳东、安同逸、苏金明
26	锦纶超薄织物印花技术开发及应用	常州旭荣针织印染有限公司	周世荣、陈森兴、左凯杰、金　雪、钟博文
27	自动化低损伤全流程关键纺织染整技术及应用	山东如意科技集团有限公司、东华大学	丁彩玲、刘丽芳、陈　超、王少华、秦　光、丁翠侠、祝亚丽、刘晓飞、杨爱国、张伟红
28	多功能聚氨酯化学整理剂研究与开发	西安工程大学	习智华、邢建伟、樊增禄、张　瑾、焦林、郁翠华、任　燕

贰等奖

序号	项目名称	主要完成单位	主要完成人
29	热水烫洗－碱皂洗退蜡联合机及工艺研究开发	青岛凤凰印染有限公司	戴守华、吴晓飞、王　磊、龚　漪、孙振超、于　颖、刘书庆、兰恭茂、杜　伟、徐正如
30	废丝蛋白的提取改性深加工及其综合利用技术	东华大学、浙江嘉欣丝绸股份有限公司、湖州新天丝生物材料有限公司、浙江嘉欣兴昌印染有限公司	侯爱芹、冯建萍、谢孔良、沈红卫、徐国文、高爱芹、刘宏东、郭明芳、李　敏、胡婷莉
31	节能节水型服装生物整理技术及其产业化	河北科技大学、石家庄美施达生物化工有限公司、常州通凯服饰有限公司 烟台富雅服装水洗有限公司	姚继明、魏赛男、张　玲、张双利、秦志刚、崔淑玲、陈　祺
32	新型多羟多羧官能团无醛整理剂	四川省纺织科学研究院、四川益欣科技有限责任公司	陈　松、蒲　实、罗艳辉、董晓红、谭　弘、黄玉华、蒲宗耀、韩丽娟、吴晋川、李密转
33	飞宇2008型智能化自动缫丝机	杭州纺织机械有限公司、杭州飞宇纺织机械有限公司	叶　文、江文斌、何华丰、王金根、赵彩珠、陈庆华、张立朝、戚文兴
34	RFRS40型全自动转杯纺纱机	浙江日发纺织机械股份有限公司	吕永法、戴小平、徐剑峰、俞韩忠、蔡国辉、梁合意
35	玻纤织造系统关键技术及装备	浙江万利纺织机械有限公司、浙江理工大学	周香琴、万祖干、顾叶琴、周巧燕、王德星、汪斌华、周学海、陈国君、刘宜胜
36	DTM439型自动络筒机	马佐里（东台）纺机有限公司、江苏省东飞马佐里纺织机械工程技术研究中心有限公司	朱　鹏、张　静、王　平、张亚欧、徐伯俊、卜仁铨、吴　安、董乐生、周　祥、何　斌
37	产业用纺织品数控切割与工艺设备	杭州爱科科技有限公司、杭州柯瑞自动化技术有限公司	方云科、张东升、方小卫、伍郁杰、汪战平、王永峰、杨　玲、苏　冬、朱　江
38	E2528型经编机	常德纺织机械有限公司	周孝文、陆安胜、李鸿威、陈海军、李明春、谢宏波、詹立华、刚祥智
39	数字化小样纺织快速反应系统的开发与推广应用	天津工业大学、天津市嘉诚机电设备有限公司	马崇启、王建坤、王　瑞、夏　川、吕汉明、周宝明、刘　雍、嵇境奠、陈庆恩、董洪明
40	CXW型聚酯网织机	石家庄纺织机械有限责任公司	侯建明、易　唯、宋玉霞、曹素文、杨卫东、闫书法、李平海、王泽娟、刘　强、贾素会

贰等奖

序号	项目名称	主要完成单位	主要完成人
41	面向纺织服装制造过程的协同生产管理信息技术	西安工程大学、山东如意科技集团有限公司	姜寿山、石美红、毋 涛、宇恒星、陈 亮、陈永当、杜元姝、张卫军、薛 涛、韩田革
42	3D/2D 服装用人体数据资源及产业化智能体系构建	苏州大学、上海市服装研究所、上海和鹰机电科技股份有限公司	尚笑梅、许 鉴、凌 军、李 淳、李 慧、祁 宁、左保齐、聂雅渊、朱信枢、黄 华

叁等奖

序号	项目名称	主要完成单位	主要完成人
1	纯莱赛尔高支高密家纺面料生产关键技术开发	山西格芙兰纺织有限公司	翟展利、智建勤、张拴爱、王艳艳、闫建萍、王海霞、刘秀平
2	差别化高密阻燃遮光面料生产关键技术	浙江三志纺织有限公司	张声诚、叶德勋、韩耀军、罗兴文、陈小芳、袁晶晶、丁水法
3	亲肤柔爽纱的技术研究及产品开发	德州华源生态科技有限公司	张兰峰、刘俊芳、刘 欣、彭 珺、鲍学超、姚园园、郑冬冬
4	涡流芙蓉纺纱线技术研究及产品开发	德州华源生态科技有限公司	李向东、倪友博、刘俊芳、宋兆义、刘艳斌、鲍学超、郑冬冬
5	雕勒双面异彩绣工艺技术及高档工艺品的研究与开发	文登市芸祥绣品有限公司、文登市锦绣抽纱有限公司	王忠胜、田世科、石 鹏、夏路路、房德霞
6	细旦塔丝隆面料的开发与研究	吴江福华织造有限公司	肖 燕、鲁宏伟、林清旭、陈信咏、吴 庆、胡国东、秦 峰
7	牛仔面料高弹整理工艺技术研究及其产业化	山东岱银纺织集团股份有限公司	谢松才、刘 涛、徐仁利、侯继春、齐艳花、李洪梅、梁孝山
8	棉/PPT/PET 纤维弹力免烫色织面料加工关键技术及其产业化	鲁泰纺织股份有限公司	倪爱红、任纪忠、张建祥、郭 恒、王美荣、郑贵玲、王 东
9	700 英支超细高密纯棉色织面料的研究开发与应用	广东溢达纺织有限公司	张玉高、徐念祖、赵 阳、何小东、宋均燕
10	高免烫性纯棉衬衫生产技术及其产业化	广东溢达纺织有限公司	张玉高、黄坤宇、周立明、袁 辉、张润明、刘慧荣、廖伟劲

叁等奖

序号	项目名称	主要完成单位	主要完成人
11	内嵌毛圈式毛巾工艺技术的研发应用	孚日集团股份有限公司	孙 勇、郑俊成、王明生、贾程伟、付 强、罗安桥
12	嵌入纺汉麻原纤／棉等多组份混纺纱	江苏悦达纺织集团有限公司	朱如华、凌良仲、唐 萍 陈亚明、陆荣生、周卫东、陈玉平
13	高舒适性色织衬衫面料关键技术	南通纺织职业技术学院、海安县联发张氏色织有限公司	陈志华、贺良震、蔡永东、马顺彬、张宏德、孙 刚、陈桂海
14	特警战训服面料开发技术研究	陕西元丰纺织技术研究有限公司、公安部第一研究所	张普选、陈 伟、张生辉、费晓燕、樊争科、肖秋利、任雅楠
15	长丝／短纤纱线共浆生产技术应用	宏太（中国）有限公司	刘学敏、邱志强、蔡金旭、张文旺
16	抗菌涤纶纤维在毛毯上的开发与应用	临沂绿因工贸有限公司、临沂新光毛毯有限公司	张 军、吴 燕、孔 伟、陈喜斌、田家忠、李 强、陈振华
17	防透吸湿功能针织面料开发	福建凤竹纺织科技股份有限公司	常向真、付春林、彭娅玲、唐亚军、马红彬、庄 浩
18	锦纶中药包缠纱与真丝交织物的设计开发	金富春集团有限公司	盛建祥、叶生华、马亚英、刘黔秋、郑明峰
19	多种新功能精毛纺面料的生产关键技术和产品开发	凯诺科技股份有限公司、东华大学、海澜集团有限公司	赵国英、王 璐、仇志英、高 晶、杨自治、张 斌、何建丰
20	红豆杉粘胶型纤维及其功能针织面料的研发与产业化	无锡红豆居家服饰有限公司、山东海龙股份有限公司、江南大学	王潮霞、王乐军、周文江、蒋春熬、马君志、郝连庆、赵 华
21	基于人体工学的远红外纳米功能性保健服装结构关键技术及产品开发	德州学院、德州市瑞博服装有限公司	徐 静、穆慧玲、姜晓巍、王秀芝、孟秀丽、张 梅、阚兴芳
22	广西6A生丝关键技术的研究与开发	横县桂华茧丝绸有限责任公司、苏州大学、杭州天峰纺织机械有限公司	胡征宇、卢受坤、刘景刚、黄农审、黄娇连、黄继伟、俞海峰
23	立体浮雕效果机织地毯生产关键技术及应用	滨州东方地毯有限公司、东华大学	王书东、张立平、张佩华、崔 文、陈 安
24	丝绸防电磁辐射产品加工技术研究及产业化	吴江市鼎盛丝绸有限公司	吴建华、金子敏、何敏苏、朱秀英、何利荣、郭崇尧、包巧梅
25	天然吸湿发热复合面料针织品研发与应用	青岛雪达集团有限公司、青岛市新型纤维应用研发专家工作站、青岛荣海服装有限公司、青岛华吉服装有限公司	张世安、关 燕、王显其、钟世娟、李 良、孙广照、张 皓

叁等奖

序号	项目名称	主要完成单位	主要完成人
26	高档全消光功能性聚酰胺66树脂和纤维的研制与开发	辽宁银珠化纺集团有限公司	杜选、林福海、姜立鹏、钟涛、胡翱翔、徐洁、张喻
27	麻材功能化纤维技术的开发与应用研究	河北吉藁化纤有限责任公司、河北科技大学	宋德武、郑书华、张永久、李振峰、冯爱芬、范梅欣、范小永
28	环保型阻燃再生纤维素纤维关键技术研究	中原工学院、新乡市长弘化工有限公司、新乡化纤股份有限公司、山东银鹰化纤有限公司	张瑞文、张旺玺、刘承修、宋德顺、崔世忠、徐元斌、焦明立
29	蛹蛋白短纤维研发及应用	四川省宜宾惠美线业有限责任公司、宜宾惠美纤维新材料股份有限公司	廖周荣、贾卫平、段太刚、黄金洪、张慧琴、龙国强、杜咏林
30	高效滤用皮芯型热熔性聚合物单丝的研制及产业化	南通新帝克纺织化纤有限公司、南通大学	马海燕、杨西峰、马海军、张军、马海冬、栾亚军、金鑫
31	混凝土增强聚丙烯纤维及关键应用技术的产业化开发	绍兴中纺院江南分院有限公司、北京中纺纤建科技有限公司	史小兴、崔桂新、李翠萍、张孝南、许增慧、王尧峰、张小云
32	生态亲和型功能纤维系列产品设计与产业化技术开发	苏州金辉纤维新材料有限公司、东华大学	谈辉、王华平、李崇保、王彪、陈龙、张弘诚、张玉梅
33	吸湿型彩色仿棉涤纶DTY产品产业化	浙江华欣高科技有限公司	曹欣建、钱樟宝、严忠伟、乔志强、潘葵、王军奇、许天恩
34	细旦聚苯硫醚纤维技术与装备开发	四川安费尔高分子材料科技有限公司、四川大学	李文俊、付强、刘鹏清、李亚儒、宋召碧、叶光斗、甘为
35	一种运动鞋用印花合成革的研究与开发	泉州万华世旺超纤有限责任公司	颜俊、曲岗、王春林、李革、蔡鲁江、李杰、李少正
36	超细纤维合成革系列产品开发与产业化	山东同大海岛新材料股份有限公司	王乐智、张丰杰、郑永贵、陈召艳、马丽豪、朱晓丽、付希晖
37	聚酯增强复合传送带制备技术	济南天齐特种平带有限公司	焦东英、顾润民、韩高亮、李祖成、毛尚涛、杨依真、周钦源
38	建筑补强用结构材料的开发及其抗裂性能研究	苏州大学、苏州丝绸博物馆、吴江振兴实业有限公司	王国和、顾建华、周正华、沈惠、沈新华、眭建华、梁颜芳
39	镜面超细纤维合成革关键技术开发	烟台万华超纤股份有限公司	庄东霞、吴发庆、于洪涛、刘宗强、陆亦民、李革、曾跃民
40	非环吹单板纺雪尼尔纱专用丝的研制与开发技术	桐昆集团股份有限公司	俞洋、孙燕琳、屈汉巨、李国元、汤其明、朱云海、陈国新
41	天丝／羊毛／棉混纺高档面料染整新技术及产业化开发	华纺股份有限公司	王力民、李风明、刘跃霞、王鲁刚、王建中、刘国锋、刘宝图

叁等奖

序号	项目名称	主要完成单位	主要完成人
42	多层次（多套色）迷彩印花产品研发	湖北际华新四五印染有限公司	张 艳、邓小红、邱双林、曾宪华、张 彬、刘 勇
43	散纤维染色工艺及设备改造技术	嘉兴欣龙染整有限公司、浙江传化股份有限公司	黄承陆、罗巨涛、陈利萍、丁似波、黄承勇、李书敏
44	新型印花糊料组合物色浆及印花面料的技术研发	罗莱家纺股份有限公司	肖媛丽、徐良平、胡志刚、宫怀瑞、倪 蓉、徐兆梅
45	基于角质酶的全棉提花贡缎织物复合酶前处理关键技术及产业化	新天龙集团有限公司、江南大学	陈万明、王 强、范雪荣、徐华君、刘炜尧、章金芳、张 忠
46	多组分纤维高档面料的研发技术	山东沃源新型面料股份有限公司	杨 军、武光信、刘文和、东明洪、唐守荣、唐家瑞、唐 凯
47	纺织品数码机印印花及产业化技术	盛虹集团有限公司	唐俊松、严东海、钱琴芳、朱冬兰、赵学谦、张建芳、段 佳
48	新型防寒面料的研制与应用开发	丹东优耐特纺织品有限公司	张迎春、严欣宁、宋宏波、李晓霞、李金华、刘凤兰、孟雅贤
49	基于纤维织物红外线反射控制技术的研发与应用	西南科技大学、绵阳佳禧印染有限责任公司	霍冀川、胡志强、雷永林、石岷山、易 勇、陆昌茂、罗学刚
50	光致变色微胶囊的制备及其在纺织品上的应用	绍兴中纺院江南分院有限公司、北京华纺高新技术有限公司、绍兴中纺化工有限公司	党一哲、崔桂新、吕世静、李淑莉、董德敢、张 艳、许增慧
51	真丝织物环保阻燃整理技术研究及应用	达利（中国）有限公司、浙江理工大学	吴 岚、余志成、翁艳芳、杨 斌、王晓芳、钱士明
52	纺织品负压增吸功能整理技术的开发应用	紫罗兰家纺科技股份有限公司、江南大学、南通大学	陈永兵、徐 阳、曹海建、汪明星、蔡 燕、朱红超、钱 坤
53	多功能冷轧堆、短流程低温煮漂助剂开发及应用	浙江理工大学、义乌市中力工贸有限公司	沈一峰、金婷婷、金黔宏、夏建明、戚栋明、吴明华、欧阳乐春
54	高性能煤矿防护服面料的开发	江苏悦达纺织集团有限公司	朱如华、凌良仲、唐 萍、陈亚明、陆荣生、宋孝浜、朱黎明
55	丝绸厚重织物拉绒整理技术	四川省丝绸科学研究院	张洪曲、余卫华、郑 丹、蒋小葵、王佳丽、唐仕成
56	GE2286 双面成型提花经编机	常州市武进五洋纺织机械有限公司、东华大学	王敏其、陈南梁、王筱方、周文进、王 水、房 娜、程 凌
57	TMFD81(S) 型并条机	湖北天门纺织机械股份有限公司	郑 强

叁等奖

序号	项目名称	主要完成单位	主要完成人
58	XGHF43/1/26 全电脑多梳栉带压纱板高速提花经编机	福建省鑫港纺织机械有限公司	郑依福、郑春华、赖秋玉、林光兴、郑春乐、谢春旺、郑自海
59	YJ1200A 型锦纶加弹包覆机	浙江越剑机械制造有限公司、绍兴中纺院江南分院有限公司	强晓敏、崔桂新、李淑莉、傅赛燕、李 兵、许增慧、娄钰华
60	加弹倍捻一体机	浙江越剑机械制造有限公司、绍兴中纺院江南分院有限公司	周其芳、崔桂新、李淑莉、傅赛燕、李 兵、孙剑华、娄钰华
61	锦纶 66 纤维用高频热辊及温控系统的开发和应用研究	北京中纺精业机电设备有限公司、神马实业股份有限公司	束学遂、段文亮、王 平、薛 学、张鲁亚、吴运梅、李 新
62	GA310 型浆纱机	恒天重工股份有限公司、中原工学院、武汉同力机电有限公司	汤其伟、崔运喜、王自豪、吴 刚、崔世忠、亓国宏、韩爱国
63	BHFA1299 棉精梳机	陕西宝成航空精密制造股份有限公司	尚红卫、张新江、卢远航、任玉斌、肖 寒、隽振华、晁松山
64	JBDX2 型中压过热蒸汽供热定形机	浙江精宝机械有限公司	陆宝夫、陆伟峰、方安兴、虞卫兴、高火林
65	BHFA1382 型单眼高速并条机	陕西宝成航空精密制造股份有限公司	宋英杰、尚红卫、隽振华、王 斌、晁松山、张新江、肖 寒
66	纤维素纤维专用针布	金轮科创股份有限公司	周建平、陈利国、江永生、姜立新
67	摄像式整纬器检测装置的研究	中原工学院	丁淑敏、刘洲峰、董 燕、李春雷、张爱华、朱永胜、王 雅
68	纱线、渔线综合耐磨性能检测关键技术的研究及其仪器的研制	山东省纺织科学研究院、山东省特种纺织品加工技术重点实验室	林 旭、杨成丽、刘 壮、李 政、付 伟、冯洪成、李振伟
69	防护服抗熔融性能检测关键技术的研究及其仪器的研制	山东省纺织科学研究院、山东省特种纺织品加工技术重点实验室	林 旭、何红霞、刘 壮、付 伟、焦 亮
70	织物疵点在线自动检测技术	西安工程大学、山东如意科技集团有限公司	石美红、杜元姝、姜寿山、赵 辉、陈永当、朱欣娟、楚建安
71	洗毛用主要功能助剂及品质检测系列仪器的研发	宁波检验检疫科学技术研究院、宁波纺织仪器厂、利华（宁波）羊毛工业有限公司、约克夏助剂（中山）有限公司、上海出入境检验检疫局工业品与原材料检测技术中心	傅科杰、杨力生、胡君伟、李峥嵘、赵 洁、陈瑞菲、张智慧

叁等奖

序号	项目名称	主要完成单位	主要完成人
72	一种基于偏振光显微镜分析纤维成分的检测技术研究	广州市纤维产品检测院、东华大学	潘　伟、邱夷平、冯　文、纪　峰、梁国伟、汪福坤、孙　宇
73	面向电子商务环境的虚拟试衣关键技术及应用	东华大学	钟跃崎、王善元、王荣武、李立轻、刘红艳、蒋娟芬、王朝莉
74	全数字矢量伺服主轴直驱平缝机的研发及产业化	浙江理工大学、浙江方正电机股份有限公司、浙江方德机电制造有限公司	张寅孩、张华熊、金　海、汪松松、陈　剑、王绪成、陈荣昌

2014 年度中国纺织工业联合会科学技术进步奖获奖项目
壹等奖

序号	项目名称	主要完成单位	主要完成人
1	特宽幅织物高精度清洁印花关键技术研发与产业化	愉悦家纺有限公司、山东黄河三角洲纺织科技研究院有限公司、天津工业大学	张国清、胡立华、房宽峻、赵义斌、赵爱国、齐乐乐、王克峰、乔传亮、刘尊东、于秉清、石亮亮、常景新、吕强强、肖树会、范宜军
2	K3501C 系列高效节能直捻机	宜昌经纬纺机有限公司	杨华明、陆国兴、张 明、潘 松、杨华年、范红勇、汪 斌、许金甲、别佑廷、吕昌法、张金鹏、吴 磊
3	新型聚酯聚合及系列化复合功能纤维制备关键技术	盛虹控股集团有限公司、北京服装学院、江苏中鲈科技发展股份有限公司	王 锐、缪汉根、张叶兴、梅 锋、朱志国、边树昌、张秀芹、周静宜、徐春建、王建明、王建华、董振峰、朱军营、王 然、陈 思
4	高模量芳纶纤维产业化关键技术及其成套装备研发	河北硅谷化工有限公司、东华大学、国网冀北电力有限公司、国网冀北电力有限公司电力科学研究院	余木火、宋福如、宋志强、叶 盛、孔海娟、宋利强、宋聚强、游传榜、滕翠青、韩克清、鲍饴训、蔡俊娥、刘新亚、马 禹、陈 原
5	特高支精梳纯棉单纺紧密纺纱线研发及产业化关键技术	无锡长江精密纺织有限公司、江南大学	周晔珺、王鸿博、范琥跃、唐戚逸、毛鉴新、王晓敏、刘新金、张忠宝、季 承、缪梅琴
6	基于蛋白酶集成催化体系的羊毛高品质化加工及其产业化	天津工业大学、天津市联宽生物科技有限公司、大连圣海纺织有限公司、天津科技大学	刘建勇、姚金波、万忠发、张伟民、刘洪斌、刘延波、杨 丽、刘 浩、杨万君、牛家嵘、李 政、巩继贤
7	高强聚酯长丝胎基布产品及其装备开发	大连华阳化纤科技有限公司、安国市中建无纺布有限公司	曾世军、王占峰、叶锡平、李桂梅、王占立、金正日、关跃跃、智来宽、刘 鹏、黄云龙、倪 岩、史敬月、叶 飞、张春苗、高 娜
8	膜裂法聚四氟乙烯纤维制备产业化关键技术及应用	浙江理工大学、上海金由氟材料有限公司、浙江格尔泰斯环保特材科技有限公司、总后勤部军需装备研究所、西安工程大学、上海市凌桥环保设备厂有限公司	郝新敏、郭玉海、黄斌香、陈美玉、黄 磊、徐志梁、冯新星、张华鹏、茅惠东、孙润军、陈观福寿、来侃、马 天、朱海霖、陈 晓
9	SYN 8 高温气流染色机	立信染整机械（深圳）有限公司	徐达明、林达明、陈 和、王智山、欧阳威、张旺笋
10	基于高动态响应的经编集成控制系统开发与应用	江南大学	蒋高明、丛洪莲、夏风林、张 琦、张爱军、缪旭红、吴志明、郑宝平、张燕婷、赵 岩、万爱兰、马丕波、陈 晴、徐存东

壹等奖

序号	项目名称	主要完成单位	主要完成人
11	低旦醋酸纤维制备关键技术及产业化	南通醋酸纤维有限公司、东华大学	杨占平、覃小红、徐坦、黄建新、黄骅、王荣武、张丽、张弘楠、赵从涛、王跃飞、宋敏峰、吴德群、肖峰、李鹏翔、吴佳骏
12	中国化纤流行趋势战略研究	纺织化纤产品开发中心、中国化学纤维工业协会、东华大学	王伟、端小平、王华平、缪汉根、王玉萍、陈新伟、张叶兴、梅峰、赵向东、刘青、戎中钰、陈向玲、李东宁、靳高岭、李增俊
13	棉织物低温快速连续练漂工艺技术	山西彩佳印染有限公司、东华大学	柴化珍、闫克路、马学亚、牛虹强、柴致东、赵增全、赵根生、柴沛东、刘云、冯森、李卫东、李戎、王建庆、侯爱芹、李杏玲
14	细菌纤维素（BC）高效生产与制品开发	东华大学、上海奕方农业科技股份有限公司、嘉兴学院	王华平、黄锦荣、洪枫、陈仕艳、顾益东、颜志勇、丁彬、张玉梅、杨敬轩、李喆、洪永修、雷学峰、李丽莎
15	非织造布复合膜催化酯化制备生物柴油及甾醇提取集成技术	天津工业大学、中粮天科生物工程（天津）有限公司	李建新、何本桥、曹玉平、严峰、王虹、周学晋、崔振宇、梁小平

贰等奖

序号	项目名称	主要完成单位	主要完成人
1	JWG1009型自动络筒机	青岛宏大纺织机械有限责任公司、北京经纬纺机新技术有限公司	赵云波、朱起宏、车社海、贾坤、王海霞、王华、常红磊、刘晓良、倪成法、巩家伟
2	多花色新型纱线连续涂料染色技术和设备	张家港三得利染整科技有限公司、武汉纺织大学、张家港市金陵纺织有限公司、南通东帝纺织品有限公司、南通隆迪纺织有限公司	马新华、徐卫林、宋心远、曹根阳、徐谷仓、王运利、李汝龙、葛荣德、张琴芬、蔡惠琴
3	高密化纤织物冷轧堆前处理关键技术及其产业化	盛虹集团有限公司	唐俊松、钱琴芳、张建芳、段佳、张建国、周强、吴学芬、唐金奎、谢小云、朱冬兰

贰等奖

序号	项目名称	主要完成单位	主要完成人
4	基于前端治理的针织印染工艺再造和产业化应用	上海市纺织科学研究院、常熟新锦江印染有限公司	张　庆、李国清、李慧霞、陈　申、李颖君、王　蓉、鲍恩泽、张乃舒、蔡秀平、周铁军
5	异型态大卷装同染技术的研究与应用	鲁泰纺织股份有限公司	王家宾、邢成利、李友祥、刘淑云、杨道喜、孙会丰、王新波、李克金、牟晓伟、国　涛
6	节水型牛仔纱线清洁染色关键技术研发	黑牡丹（集团）股份有限公司、常州大学	邓建军、纪俊玲、仇振华、王宗伟、贝嘉林、彭勇刚、熊国富
7	芳纶 Nomex 阻燃耐热混纺织物低温染色新技术的开发及应用	西安工程大学、际华新三零印染有限公司、南通东盛之花印染有限公司、陕西华润印染有限公司	谭艳君、刘昌南、邢建伟、张　瑾、王志刚
8	超临界 CO_2 流体无水绳状染色关键技术及其装备系统	苏州大学、吴江飞翔印染有限公司	龙家杰、程安康、陆同庆、蒋耀兴、赵建平、潘永祥
9	防水透湿涂层面料格栅印花技术	丹东优耐特纺织品有限公司	张迎春、陈百顺、蔡智怡、李晓霞、李金华、李翠艳、刘凤兰、任亚坤、赵　颖、常秀英
10	基于 DNA 技术的羊绒羊毛精确定性定量检测方法的建立及应用	上海出入境检验检疫局工业品与原材料检测技术中心	段冀渊、孙美蓉、费　静、周　辉、刘敏华、魏孟媛、袁志磊、刘　芳、隋阳华、谢璐蔓
11	应对欧盟 REACH 法规纺织品中高关注物质检测标准体系的研究与应用	浙江出入境检验检疫局检验检疫技术中心、浙江理工大学、浙江立德产品技术有限公司	吴　刚、赵珊红、陈海相、鲁　丹、阮　毅、吴俭俭、谢维斌、王力君、王　琛、郭永华
12	GB/T 21655.1−2008 和 GB/T 21655.2−2009 纺织品吸湿速干性的评定系列国家标准	中国纺织科学研究院、中华人民共和国上海出入境检验检疫局、香港理工大学、泉州海天材料科技股份有限公司、太仓金辉化纤实业有限公司、锡莱亚太拉斯（深圳）有限公司	王宝军、吴雄英、李　翼、任鹤宁、胡军岩、王启明、谈　辉、李晓雯
13	IWTO 国际标准《羊毛、羊绒及其绒毛混纺针织物起球性能测试方法》研制	内蒙古鄂尔多斯羊绒集团有限责任公司	张　志、张梅荣、田　君、杨桂芬、孟令红、朱　虹、张俊峰
14	纺织纤维成分快速测定—近红外光谱法及其检测标准的建立	江西出入境检验检疫局检验检疫综合技术中心、中山出入境检验检疫局、广东出入境检验检疫局技术中心、浙江理工大学、聚光科技（杭州）股份有限公司	桂家祥、耿　响、要　磊、周丽萍、王京力、张晓利、祝建新、陈智峰

贰等奖

序号	项目名称	主要完成单位	主要完成人
15	纺织品测色及供应链颜色集成应用技术开发	中国纺织信息中心	孙瑞哲、胡 松、邓有义、陈惠娥、齐 梅、朱荣生、张惠山、黄 艳、米 曦、宋 鹏
16	新税制改革对陕西纺织经济发展的影响	西安工程大学、陕西省纺织工业协会、陕西省科学院	徐焕章、张丽丽、申 玲、王小红、宋 玉、王秀云、高民芳、田 谧
17	FB220型半精纺梳理机	青岛东佳纺机（集团）有限公司	纪合聚、唐 明、杨效慧、李 政、刘洪磊
18	RFJW10型高速低耗喷水织机	山东日发纺织机械有限公司	李子军、冀永省、金 洪、张国良、王业华、许泽兵、马传磊、马自信、何才新、张争取
19	宽门幅产业用布剑杆织机关键技术的研究及产业化	浙江万利纺织机械有限公司、浙江理工大学	周香琴、万祖干、周巧燕、沈元旦、汪斌华、王德星、王先康、周学海、邵文湘
20	双针床电子贾卡经编机	常州市中迈源纺织机械有限公司	孙嘉良、莫筱红、林光兴、徐美春、孙嘉益、唐义庭
21	全自动模板缝制系统	天津宝盈电脑机械有限公司	高接枝、刘景波、鲍胜群、何德甫、李 帅
22	竹节纱自动检测及其CAD/CAM技术研究与应用	山东岱银纺织集团股份有限公司、天津工业大学	吕汉明、赵焕臣、李广军、马崇启、谢松才、亓焕军、于传文、刘月刚、赵兴波、刘军明
23	基于现代数字生产的中型服装企业先进制造工程的研究与应用	湖南省忘不了服饰有限公司、东华大学	蔡力强、张文斌、刘冠彬、夏 明、齐行祥、刘佳玟、罗元珍、杨子田、王咏梅、杨 姣
24	自动化制衣生产技术的研发与应用	广东溢达纺织有限公司	许新毅、张雄颜、张润明、梁伟伦、夏嘉强、夏仲开、林延荣、夏德强、萧伟新、罗振明
25	XJ129棉结和短绒测试仪	陕西长岭纺织机电科技有限公司	朱吉良、齐明德、刘卫东、杨 虎、张秀丽、刘宝晋、袁光辉、安少元、谭浩然、张 慧
26	低温可染异型中空聚酯纤维关键技术及其产业化	绍兴文理学院、绍兴市云翔化纤有限公司、浙江红绿蓝纺织印染有限公司、浙江越隆控股集团有限公司	刘 越、占海华、胡玲玲、段亚峰、王维明、虞 波、周建红、陈宇鸣、黄新明、王荣根
27	基于强化分散混合的高品质熔体直纺功能性聚酯纤维开发	中国纺织科学研究院、中国石化仪征化纤股份有限公司、江苏恒力化纤股份有限公司	李 鑫、孔令熙、尹立新、井连英、徐相宏、任怀林、薛 斌、李 健、金 剑、汤方明

贰等奖

序号	项目名称	主要完成单位	主要完成人
28	涤纶高强度工业母丝	苏州龙杰特种纤维股份有限公司、苏州大学、广东出入境检验检验局检验检疫技术中心	席文杰、秦传香、关 乐、秦志忠、李 淳、徐醒我、潘正良
29	高吸液型壳聚糖纤维关键技术研究及产品开发	青岛即发集团股份有限公司	杨为东、黄聿华、衣宏君、万国晗、王占锐、徐红梅
30	高弹工艺地毯关键技术开发	东华大学、义乌市新彩虹工艺地毯有限公司	陈仕艳、季诚昌、吴钟鸣、王军波、张玉梅、付肃令、易友生、王华平、李天禄、王姗姗
31	再生聚丙烯直纺长丝关键技术及装备产业化	福建三宏再生资源科技有限公司	张振文、沈来勇、汤华锋
32	FDY 无油牵伸新技术的研发和产业化	桐昆集团股份有限公司	陈士南、赵宝东、孙燕琳、沈建伦、屠奇民、费妙奇、曹立国、李红良、薛银华、张玉勤
33	超声固结技术制备高强定伸土工织物的研究	宏祥新材料股份有限公司	崔占明、孟灵晋、刘好武、王 静
34	基于高强耐磨型割草（灌）线材的大直径共聚聚酰胺单丝与关键技术研究	南通新帝克单丝科技股份有限公司、南通大学	马海燕、孙启龙、樊冬娌、马海军、张 军、邵小群、徐 燕
35	多向多层叠网造纸毛毯制备技术	上海金熊造纸网毯有限公司、四川环龙技术织物有限公司	陈 风、谢宗国、杨金魁、周兴富、戴永君、张薇薇
36	超柔软高弹聚氨酯仿头层皮超纤革关键技术及产业化应用	山东同大海岛新材料股份有限公司、青岛大学、山东省皮革工业研究所、齐鲁工业大学	王乐智、张丰杰、王吉杰、郑永贵、陈召艳、纪 全、于永昌、付丽红、马丽豪、王晓磊
37	三维非对称氟／醚复合滤料关键技术及应用	厦门三维丝环保股份有限公司	蔡伟龙、罗祥波、郑锦森、李桂梅、郑智宏、胡恭任、王 巍、邱薰艺、张静云
38	固体聚丙烯酸类浆料生产关键技术与产品开发	西安工程大学、宝鸡天健淀粉生物有限公司	沈艳琴、吴长春、李冬梅、武海良、李海红、李晓燕、本德萍、钱 现、吴 钦、张明社
39	新型热湿舒适性功能混纺纱线面料纺织染整关键技术及产业化	福建省长乐市长源纺织有限公司、绍兴中纺院江南分院有限公司	王晓东、崔桂新、程学忠、井连英、汪 军、施宋伟、韩 静、许增慧、王兆生、娄钰华
40	纯棉凉爽舒适色织面料开发的关键技术研究	鲁泰纺织股份有限公司	王美荣、任纪忠、杜俊萍、贾云辉、王维维、张春花、刘 刚、耿彩花、夏文静

贰等奖

序号	项目名称	主要完成单位	主要完成人
41	粗梳特高支纯山羊绒针织绒线加工技术	浙江中鼎纺织有限公司	陈学彪、沈伟凤、郭 磊、沈明忠、钱惠菊、何廷香、吕忠明、沈雪芬
42	影立方粗纺面料关键技术研发及应用	浙江神州毛纺织有限公司	牟水法、张金莲、王建华、王春荣、沈建军、陈利明、丁昊元、陈彩香、王洪海、金 峰
43	防辐射复合功能精纺毛织物关键技术研究与产业化	山东南山纺织服饰有限公司、西安工程大学、烟台南山学院	潘 峰、王进美、刘刚中、沈兰萍、许云生、朱广桥、李世朋、张国生、朱明广、王 升
44	牦牛绒纤维纯纺精细化加工关键技术与产业化	张家港市中孚达纺织科技有限公司、沙洲职业工学院、江南大学	倪春锋、徐 阳、王鸿博、李建明、颜晓青、于 勤、马华东、沈 霞、肖剑波、卢雨正
45	基于塑身效果的全成型无缝针织内衣设计和生产技术	深圳市美百年服装有限公司	张 洪、陈明芳、聂文平、刘 帆、刘振志、岳小雷、李雪勇、薛庆利
46	薄型防风防水绒类面料的技术研究及产业化	上海嘉麟杰纺织品股份有限公司	董 蓓、黄 俊、王俊丽、钱爱军、丁 晨、张国兴、何国英、陈小湘、赵 灿、朱金刚
47	高蓬松高稳定摇粒绒制备关键技术与产品开发	泉州海天材料科技股份有限公司、东华大学、苏州金辉纤维新材料有限公司	王启明、王华平、谈 辉、许贻东、王朝生、李崇保、陈力群、李建武、蒲 剑、徐秋舒

叁等奖

序号	项目名称	主要完成单位	主要完成人
1	功能性色织大提花织物复合织造关键技术与产业化	浙江三志纺织有限公司、浙江理工大学、常熟纺织机械厂有限公司、苏州华毅机械有限公司	张声诚、钱陈辉、祝成炎、丁水法、李晓东、叶德勋、韩耀军
2	嵌段聚合硅氧烷整理剂生产及应用技术	浙江传化股份有限公司	蔡继权、陈八斤、王胜鹏、刘志华、曹 政、赵 婷、陈华群
3	双丝光棉60支双股雕印面料的技术研发及应用	浙江富润印染有限公司	宣海地、周启飞、王益峰、魏 强、孙旭安、赵立娟、孟开仁
4	二氧化钛作为催化剂在印染上的应用	成都纺织高等专科学校、重庆3533印染服装总厂有限公司	郑光洪、杨东洁、冯西宁、伏宏彬、郑庆康、张利英、曾跃兵

叁等奖

序号	项目名称	主要完成单位	主要完成人
5	液状溴靛蓝染料专用多功能助剂的开发及应用技术研究	北京中纺化工股份有限公司	罗灯洪、赵 平、朱清峰、宋春华、黄文博、朱文兵、袁 东
6	高效涂料印染粘合剂制备关键技术及应用	江南大学、广东德美精细化工股份有限公司	蒋 学、田秀枝、王树根、黄 丹、蒋 静、郭玉良、吴少新
7	少水短流程复合功能性织物关键技术研究及产业化	滨州亚光家纺有限公司	王红星、王兴明、杜换福、胡增祥、王小强、于春波、李 飞
8	气流雾化染色技术研究及装备研制	浙江理工大学、浙江怡创印染有限公司、浙江卓信机械有限公司、绍兴县舒美针织有限公司	郑今欢、胡旭东、钱淼根、王旭东、张国华、傅继树、袁嫣红
9	亚光棉织物气流漂染技术	福建众和股份有限公司	高炳生、张俊峰、许 漪
10	功能性全棉机织粘合衬关键技术及产业化	南通海汇科技发展有限公司、南通大学	曹 平、王春梅、朱红耀、黄 俊、曾 燕、杨静新、姜 伟
11	环保型超柔印花	山东欧化印染家纺有限公司	刘 忠、裴晓博、全亦然、欧翠英
12	真丝织物染整节能减排技术的研究与开发	达利（中国）有限公司	吴 岚、陶尧定、翁艳芳、王明亮、王 彩、王晓芳
13	蛋白改性剂改性棉织物及其活性染料无盐染色	西安工程大学	王雪燕、习智华、谭艳君、任 燕、孙 伟、刘元军、高少莹
14	环保型无泡防沾污净洗剂的研究	四川省纺织科学研究院、四川益欣科技有限责任公司	黄玉华、吴晋川、胡于庆、幸仲先、陈朝武、罗艳辉、韩丽娟
15	FZ/T 21006-2010《丝光防缩毛条》、FZ/T 20024-2012《羊毛条毡缩性测试 洗涤法》	江苏阳光股份有限公司、江阴市纤维检验所	陈丽芬、曹秀明、杨海军、龚 珊、陆永良、何 良、陆卫东
16	FZ/T 24016-2012《超高支精梳毛织品》	上海市毛麻纺织科学技术研究所、恒源祥（集团）有限公司、江苏澳洋纺织实业有限公司、国家毛纺织产品质量监督检验中心（上海）	诸亦成、何爱芳、金伟荣、曹宪华、朱 婕、陈思唯
17	FZ/T 51001-2009《粘胶纤维用浆粕》	上海市纺织工业技术监督所、山东海龙股份有限公司、山东银鹰化纤有限公司、宜宾长毅浆粕有限责任公司	陆秀琴、夏坚琴、邢春花、陈忠国、黄 俊、李红杰
18	GB/T 29258-2012《精梳棉粘混纺本色纱线》	南通双弘纺织有限公司、浙江春江轻纺集团有限责任公司、青岛纺联控股有限公司	吉宜军、吴加顺、陈乃英、李军华、乐荣庆

叁等奖

序号	项目名称	主要完成单位	主要完成人
19	纺织品抗折皱性能检测方法研究	宁波市纤维检验所、宁波纺织仪器厂	邝湘宁、石东亮、金美菊、胡君伟、洪武勇、孟奇峰、万中奎
20	GB/T 17780.1～17780.7-2012《纺织机械安全要求》系列国家标准	中国纺织机械器材工业协会、恒天重工股份有限公司、邵阳纺织机械有限责任公司、苏州工业园区职业技术学院、晋中开发区贝斯特机械制造有限公司	王静怡、亓国红、林健、冯翠、徐景禄、王莉、冯广轩
21	FZ/T 14022-2012《芳纶1313印染布》	陕西元丰纺织技术研究有限公司、上海市纺织工业技术监督所、烟台泰和新材料股份有限公司、奉化市双盾纺织帆布实业有限公司、无锡市远东纺织印染技术服务有限公司	张生辉、贺美娣、宋西全、马建超、王云侠、是伟元
22	GB/T 28463-2012《纺织品 装饰用涂层织物》和GB/T 28464-2012《纺织品 服用涂层织物》	中国纺织科学研究院、浙江中天纺检测有限公司、浙江和心纺织有限公司、浙江朗莎尔维迪制衣有限公司	姜慧霞、郑园园、王宝军、方春锦、顾洁萍
23	FZ/T 97025-2011《横机数控系统》	浙江恒强科技股份有限公司、杭州致格智能控制技术有限公司、浙江理工大学现代纺织装备技术教育部工程研究中心、绍兴金昊机械制造有限公司、浙江方正轻纺机械检测中心有限公司	胡弘波、胡军祥、郭辉、史伟民、茅木泉、曾志发、彭来湖
24	FZ/T94044-2010《自动络筒机》	青岛宏大纺织机械有限责任公司、上海二纺机机械有限公司、中国纺织机械器材工业协会、江苏凯宫机械股份有限公司、浙江泰坦股份有限公司	耿佃云、王莉、王静怡、赵刚、傅时杰、江岸英、梁永青
25	纺织品制造环节碳足迹基础理论及棉纺织生产碳排放量实证研究	东华大学、上海出入境检验检疫局工业品与原材料检测技术中心	薛文良、魏孟媛、钱竞芳、陆维民、陈革、刘芳、张瑞寅
26	基于可持续发展的河南承接沿海纺织产业转移研究	河南工程学院	段文平、高顺成、李红艳、张珺、管荣伟、孟曙艳、李二亮
27	国际时装名牌登陆北京对本土品牌消费影响研究	北京服装学院	郭燕、卢安、杨楠楠、姚蕾、刘宝成
28	纺织业内涵发展的技术并购研究与实践	武汉纺织大学	胥朝阳、刘睿智、李宇、周磊、金贞子、邹彩芬、王珍义

叁等奖

序号	项目名称	主要完成单位	主要完成人
29	中国化纤行业发展与环境保护（化纤白皮书）	中国化学纤维工业协会	端小平、赵向东、王玉萍、李伯鸣、李德利、林世东、邓 军
30	永磁同步大功率电机直驱节能高速剑杆织机	广东丰凯机械股份有限公司	夏云科、戴晓晗、董 明、黄晓彬、袁 婷、游 敏、孙 亮
31	CA082 喷气织机	陕西长岭纺织机电科技有限公司	魏钰利、王 华、赵 利、白宝明、张志刚、宁而慷、强 勇
32	TQ 2012 系列高耐磨辊包皮（糙面橡皮）	济南天齐特种平带有限公司	祝荣烈、张 磊、焦东英、郭 强、杨依真、周钦源、韩高亮
33	宽幅高频起绒针刺机	汕头三辉无纺机械厂有限公司	杨长辉、郑昌平、黄学佳、方 霓、刘 臣、吴吉昌、方木雄
34	TMFD81L 型数字化自调匀整高速并条机	湖北天门纺织机械股份有限公司	郑 强、杨家轩、陈 冰、谭鹏飞、徐 红、梁新舫、杨文峰
35	SME485C 高速刷毛机	连云港鹰游纺机有限责任公司	司朝兵、孙中文、安全胜、徐同强、李高贵
36	纤维枕芯高效制备系统	深圳市富安娜家居用品股份有限公司	付 磊、施建平、林国芳、陈永胜、颜义平、胡振超、谭 珍
37	服装设计数字化管理系统	际华三五零二职业装有限公司、河北科技大学	侯东昱、黄建江、仇满亮、贾丽丽、王丽霞、刘壮宏、宋海珍
38	面向中小型企业的服装定制智能生产系统	苏州大学、南通丝乡丝绸有限公司、苏州工业园区雅怡服饰有限公司	刘国联、金春来、戴宏钦、王建民、苏军强、匡才远、顾冰菲
39	服装三维测体试穿系统的开发及应用	上海嘉纳纺织品科技有限公司	刘优然、叶畋宇、卿艳虹、黄 萍、刘静华、宋海川、陆 洋
40	防护材料耐接触热试验关键技术的研究及相关仪器的研制	山东省纺织科学研究院、山东省特种纺织品加工技术重点实验室	杨成丽、林 旭、刘 壮、李娟娟、冯洪成、李 政、付 伟
41	皮革透气耐水检测关键技术及其仪器的研制	山东省纺织科学研究院、山东省特种纺织品加工技术重点实验室	何红霞、林 旭、许曙亮、冯洪成、付 伟、李娟娟、丁 帅
42	棉花快速检测技术及系列智能检测仪器	上海出入境检验检疫局工业品与原材料检测技术中心、宁波纺织仪器厂、西安阿尔特测控技术有限公司、宁波检验检疫科学技术研究院、上海天合电子有限公司	赵 洁、傅科杰、郑 晔、胡君伟、俞 方、刘敏华、李世星

叁等奖

序号	项目名称	主要完成单位	主要完成人
43	多功能丙纶及其复合纱线的研发与产业化	浙江省现代纺织工业研究院、新凤鸣集团股份有限公司	汪乐江、胡克勤、郑世睿、陶仁中、范艳苹、冯新卫、崔利
44	聚酯地毯纱（PTT—BCF）关键技术研究及产业化	常州灵达特种纤维有限公司、东华大学	周吕、王朝生、蒋韶贤、薛小平、陈向玲、郑耀伟、陆惠林
45	新型再生纤维素／蛋白质复合纤维的纺制及其产业化	恒天海龙股份有限公司、武汉纺织大学	王乐军、李文斌、马君志、李昌垒、孙东升、刘欣、秦翠梅
46	扁平易收缩系列涤纶纤维的开发	荣盛石化股份有限公司、浙江理工大学	郭成越、孙福、徐永明、焦岩岩、李岳春、周先何、吴维光
47	高强度大伸长气囊用涤纶工业用丝开发及应用	浙江海利得新材料股份有限公司、浙江理工大学、嘉兴学院、北京胜邦鑫源化纤机械有限公司	马鹏程、颜志勇、姚玉元、孙永明、李长琦、顾锋、韩峰
48	改性竹炭系列功能纤维的技术研究	中原工学院、新乡化纤股份有限公司	张旺玺、王艳芝、曹俊友、张瑞文、邵长金、谢跃亭、焦明立
49	车用低雾化有色涤纶长丝FDY技术	浙江华欣新材料股份有限公司	曹欣羊、钱樟宝、赵江峰、项利民、顾点飞、樊伟良、王国萍
50	高防水高透湿登山滑雪服面料的技术开发及其应用	江苏南纬悦达纤维科技有限公司	戴俊、李健、陆灯红、张亚东、凌良仲、孔劲松、封怀兵
51	可降解聚乳酸非织造节能环保材料研发及产业化	浙江弘扬无纺新材料有限公司	王殿生、杨永兴、何艳芬、马建伟、刘扬、张抗震、李健
52	排球用柔软型超细纤维合成革关键技术开发	烟台万华超纤股份有限公司	吴发庆、赵春湖、曾跃民、陆亦民、姜东、石静、沈岩
53	高档彩色涤锦复合超细纤维水刺非织造擦拭布关键技术开发与产业化	中国纺织科学研究院江南分院、绍兴中纺院江南分院有限公司、东纶科技实业有限公司、	张孝南、李淑莉、孟红、井连英、吴伟、崔桂新、贾佳
54	一种细旦超薄弹力面料的开发与研究	吴江福华织造有限公司	肖燕、鲁宏伟、林清旭、陈信咏、吴庆、胡国东、张宁
55	汉麻在家纺产品中的开发与应用	孚日集团股份有限公司	王军、蔡文言、刘显高、周文国、赵红玉、张树明、周吉柱
56	绢丝与精梳棉混纺赛络纺纱产业化开发及应用	南通华强布业有限公司	吴露明、张瑞丽、赵娟、沈卫
57	舒适保暖功能复合纱线产业化技术研究	昌邑市杨金华纺织有限公司、山东科技职业学院	杨金华、于子文、王剑平、李秀林、于敏伟、于成刚
58	高感性聚酯鲨鱼皮织物	浙江正凯集团有限公司	汪春波、冯卫芳、王炳奎、李雪丽、冯国民

叁等奖

序号	项目名称	主要完成单位	主要完成人
59	新型有捻蓬松纱及面料的开发研究	南通大东有限公司	高　军、顾用旺、黄亚军、沈三群、缪　斌、苏闪龙
60	纯棉单亲单防梭织面料及其生产方法	广东溢达纺织有限公司	周立明、汤克明
61	相变调温纺织新产品的研发	河南工程学院、郑州四棉纺织有限公司、河南新野纺织股份有限公司	许瑞超、周　蓉、张海霞、马　芹、张喜昌、张一平、王　琳
62	棉及棉混纺针织内衣织物提高滑爽性加工技术研发	上海题桥纺织染纱有限公司	潘玉明、潘豪炜、彭继芝、陆妹红、许静鸣、龚小弟
63	利用多元化纱线开发针织呢绒的关键技术	江苏阳光集团有限公司	陈丽芬、刘丽艳、曹秀明、查神爱、孙　喜、许　勇、华玉龙
64	舒适性精纺面料关键技术研究与应用	山东济宁如意毛纺织股份有限公司	杜元姝、赵　辉、孟　霞、张庆娟、商显芹、王彦兰、李春霞
65	桑皮纤维的绿色高效制取及其功能性纺织产品的开发	盐城工业职业技术学院、江苏悦达家纺有限公司、江苏富安茧丝绸股份有限公司、江苏斑竹服饰有限公司	瞿才新、张荣华、周　彬、徐　帅、刘　华、王曙东、张圣忠
66	真丝绸装饰和文化艺术品的研发及其产业化	万事利集团有限公司、杭州万事利丝绸科技有限公司、浙江理工大学、浙江水利水电学院	马廷方、周劲锋、姚菊明、张忠信、刘　琳、张梅飞、田　雪
67	彩色茧丝色彩工艺特性及其丝绸产品关键技术和产业化	达利丝绸（浙江）有限公司、浙江理工大学	俞　丹、祝成炎、寇勇琦、李艳清、丁圆圆、张红霞、田　伟
68	真丝提花面料花纹闪色技术研究与产品开发	浙江巴贝领带有限公司、浙江理工大学	周　赳、屠永坚、马　爽、姚冬青、范力群、冼锡勇、赵　蕾
69	等模量四面弹针织面料技术开发	福建凤竹纺织科技股份有限公司	樊　蓉、秦学礼、李昌华、唐亚军、张　宇、冯岚清
70	智能调温纤维商务休闲两用针织服装研发及应用	青岛雪达集团有限公司、青岛市新型纤维应用研发专家工作站、青岛益泉针织服装有限公司、青岛荣海服装有限公司	张世安、王显其、关　燕、刘方全、李军华、钟世娟、李　良
71	基于人体足部的功能性系列保健袜品	浙江健盛集团股份有限公司	张茂义、郭向红、方　伟、汤占昌
72	高档亚麻针织产品的生产技术研究及产品开发	广东溢达纺织有限公司	何劲松、杨文春、周　锋、王　剑
73	储能／麻浆新型吸湿发热功能纤维针织面料的技术开发	上海帕兰朵纺织科技发展有限公司	林润琳、方国平、高小明、张佩华、季立新、赵树松

2015 年度中国纺织工业联合会科学技术奖获奖项目
壹等奖

序号	项目名称	主要完成单位	主要完成人
1	新型高档苎麻纺织加工关键技术及其产业化	湖南华升集团公司、东华大学	程隆棣、荣金莲、肖群锋、崔运花、耿灏、陈继无、李毓陵、严桂香、易春芳、揭雨成、唐文峰、龙岚珺、何文、尹国强、匡颖
2	功能性篷盖材料制造技术及产业化	江苏维凯科技股份有限公司、东华大学、上海申达科宝新材料有限公司、浙江明士达新材料有限公司	陈南梁、李维伟、蒋金华、胡淳、朱其达、郝恩全、傅婷、崔鹏、马新龙、汪泽幸、李捷、徐卫兵、朱静江、樊荣
3	干法纺聚酰亚胺纤维制备关键技术及产业化	东华大学、江苏奥神新材料股份有限公司、江苏奥神集团有限公司	张清华、王士华、詹永振、陈大俊、陶明东、郭涛、方念军、张卫民、董杰、赵昕、苗岭、陈斌、严成、王发阳、陈桃
4	宽幅高强非织造土工合成材料关键制备技术及装备产业化	江苏迎阳无纺机械有限公司、天津工大纺织助剂有限公司、南通大学、山东宏祥新材料股份有限公司	范立元、张瑜、范莉、李素英、任煜、任元林、崔占明、周旺、孟灵晋、王建刚、顾闻彦、李瑞芬、夏磊、于树发
5	疏水性中空纤维膜制备关键技术及应用	天津工业大学、天津海之凰科技股份有限公司、天津科技大学	武春瑞、位红永、唐娜、吕晓龙、高启君、董为毅、郭建辉、王暄、陈华艳、贾悦
6	经纱泡沫上浆关键技术研发及产业化应用	鲁泰纺织股份有限公司、江南大学、武汉纺织大学、常州市润力助剂有限公司、宜兴市军达浆料科技有限公司	高卫东、刘立强、徐卫林、刘建立、杜立新、范雪荣、卢雨正、张海东、李文斌、傅佳佳、张海峰、吴燕、赵海涛、曹根阳、朱博
7	HYQ 系列数控多功能圆纬无缝成型机	东台恒舜数控精密机械科技有限公司、浙江理工大学、杭州旭仁纺织机械有限公司	陈国标、彭来湖、胡旭东、李慧、未印、吕明来、方佳云
8	纯棉超细高密弹力色织面料关键技术研发及产业化	江苏联发纺织股份有限公司、东华大学	李毓陵、唐文君、姚金龙、何瑾馨、吴绮萍、程隆棣、向中林、张瑞云、薛庆龙、董霞、刘倩丽、杨正华、薛文良、蒋龙宇、钱小红
9	粗细联合智能全自动粗纱机系统	青岛环球集团股份有限公司	王成吉、崔桂华、郭加阳、孙杰、李建霞、王森栋、马敏

壹等奖

序号	项目名称	主要完成单位	主要完成人
10	高品质纯壳聚糖纤维与非织造制品产业化关键技术	海斯摩尔生物科技有限公司、东华大学	胡广敏、周家村、陈 龙、李进山、张明勇、朱新华、黄伦强、林 亮、杜衍涛、王 信、李 喆、吴开建、陈 凯、陈 芳
11	高品质聚酰胺6纤维高效率低能耗智能化生产关键技术	义乌华鼎锦纶股份有限公司、广东新会美达锦纶股份有限公司、北京三联虹普新合纤技术服务股份有限公司、东华大学	朱美芳、封其都、肖 茹、于佩霖、赵维钊、丁尔民、王宏志、陈 欣、林世斌、张青红、马敬红、刘学斌、宁佐龙、谌继宗、王朝生

贰等奖

序号	项目名称	主要完成单位	主要完成人
1	纯棉免烫数码喷墨印花面料生产关键技术开发及产业化	鲁丰织染有限公司、鲁泰纺织股份有限公司、杭州宏华数码科技股份有限公司	张战旗、王方水、齐元章、许秋生、李法敏、于 滨、王德振、葛晨文、林 虹、孙 磊
2	基于通用色浆的九分色宽色域清洁印花关键技术及其产业化	浙江红绿蓝纺织印染有限公司、绍兴文理学院	黄新明、刘 越、莫林祥、蒋旭野、段亚峰、舒 适、陈 丰、王维明、钱红飞、胡玲玲
3	利用人造纤维素纤维生产140支高支纱技术	山东联润新材料科技有限公司	陈启升、张 昕、钟 军、王延永、张书峰、李 季、孙文革、李 洋、石振宇、田承稳
4	仿棉针织运动面料的研究及开发	上海嘉麟杰纺织品股份有限公司、苏州金辉纤维新材料有限公司	董 蓓、赵 灿、单苗苗、谈 辉、王怀峰、郑耀伟、岑 凌、王 任、丁 晨、柯 华
5	多功能特种手套关键技术与装备的研发	浙江理工大学、绍兴金隆机械制造有限公司	方 园、王国庆、陈光良、李 妮、郭勤华、毛宗楚、汤剑峰、黄浚峰
6	蚕丝蛋白制备关键技术及其高值化利用研究	浙江大学、浙江理工大学、湖州澳特丝生物科技有限公司、湖州新天丝生物技术有限公司	朱良均、姚菊明、杨明英、孔祥东、闵思佳、沈新琦、徐国文、刘 琳、张海萍、朱正华

贰等奖

序号	项目名称	主要完成单位	主要完成人
7	具有复合功能的非织造蚕丝绵技术及产业化	苏州大学、广西横县桂华茧丝绸有限责任公司、常熟市永得利水刺无纺布有限公司	胡征宇、卢受坤、刘景刚、程学伟、杨富刚、苏寒梅、梁维佳、梁晓玲、王兰、黄继伟
8	新一代数字化生态丝绸文化产品的关键技术研究与产业化	杭州万事利丝绸科技有限公司、万事利集团有限公司、浙江工商大学	马廷方、周劲锋、张忠信、张梅飞、张祖琴、季文革、金增凯、田雪、陈惠英、周怡
9	骆马绒在毛织物中的应用技术研究及产业化	山东如意科技集团有限公司	丁彩玲、张伟红、祝亚丽、秦光、刘晓飞、王少华、杨爱国、孔健、丁翠侠
10	羊毛纤维的植物染色及其生态性研究	江苏丹毛纺织股份有限公司、常州美胜生物科技有限公司	徐荣芳、纪俊玲、俞金林、徐导、徐林凤、邹银芳、徐高阳、符爱芬、陈新华、黄小良
11	纺织品环保型拔染印花新技术的产业开发应用	浙江丝绸科技有限公司	阮铁民、叶建军、项金火
12	蓄能发光复合面料的技术开发及其应用	江苏南纬悦达纤维科技有限公司、江苏南纬悦达纺织研究院有限公司	凌良仲、孔劲松、王可、王前文、陆灯红、李健、李苏红
13	基于发泡的水性功能性纺织品涂层关键材料技术的研究及产业化	龙之族（中国）有限公司、四川大学	罗耀发、成煦、杜宗良、杜菲、蒋荣华、潘锋芳、张云波、白雪
14	缔合型增稠剂及其复配增效技术	浙江传化股份有限公司、杭州传化精细化工有限公司	宋金星、蔡继权、王胜鹏、乐翔、陈八斤、陈英英、于本成、黄建群、赵婷
15	低压煤粉锅炉高热效率应用技术	上海题桥纺织染纱有限公司、广东海洋大学、上海工程技术大学	潘玉明、贾明生、陈恩鉴、洪鹏志、陈闵叶、陈泽华、吉顺昌、姬庆德、陈淳烁、杜志远
16	高耐磨性钢丝圈	重庆金猫纺织器材有限公司	王可平、赵仁兵、易珊、肖华
17	托盘式自动络筒机的研制	青岛宏大纺织机械有限责任公司、北京经纬纺机新技术有限公司	赵云波、车社海、陈春义、姚水莲、贾坤、朱起宏、王炳堂、周爱红、赵暄东、王海霞
18	高效节能 T 型假捻变形机	江苏法华纺织机械有限公司、常州工程职业技术学院	杨坤、张雪华、梅素娟、钱建峰
19	RFJA33 型毛巾喷气织机	山东日发纺织机械有限公司	李子军、迟连迅、王建岭、吉学齐、王开友、刘伟、满富来、马自信、王涛、李淑芳

贰等奖

序号	项目名称	主要完成单位	主要完成人
20	XGHM43/1（200 英寸）全电脑高速多梳栉提花经编机	福建省鑫港纺织机械有限公司	郑依福、郑春华、郑春乐、谢春旺、赖秋玉
21	日产 200 吨涤纶短纤维数字化成套设备	恒天重工股份有限公司、邵阳纺织机械有限责任公司、中原工学院、邯郸宏大化纤机械有限公司	刘延武、李新奇、刘顺同、崔世忠、王志兵、朱素娟、王泽亮、张秋苹、王玉昌、袁文发
22	国产节能型柔性化工业丝成套装备技术开发与产业化应用	北京中丽制机工程技术有限公司、晋江市永信达织造制衣有限公司、海西纺织新材料工业技术晋江研究院、中国纺织科学研究院	仝文奇、李学庆、满晓东、邵德森、姜 军、丁程源、陈立军、张丙红、周晓辉、李秀宾
23	针织产品设计与仿真系统的开发与应用	江南大学	蒋高明、丛洪莲、张爱军、张燕婷、缪旭红、夏风林、吴志明、张 琦、万爱兰、马丕波
24	基于不规则图形排样优化理论的服装衣片智能排料技术	西安工程大学	陈永当、任慧娟、陈 珊、张 勇、马 柯、石美红、董友耕、吴 琼、赵 岩
25	基于 RFID 技术的制衣生产电子制单系统开发和应用	广东溢达纺织有限公司	夏天宇、常 鹏、董胜利、吴日清、彭 涛、李国强
26	织物智能提花工艺技术的创新与产业化应用	浙江理工大学、浙江奇汇电子提花机有限公司	张华熊、王月敏、金 耀、赵益民、张 聿、刘 庆、汪亚明、花名众、胡 洁、蒋明峰
27	地毯静电性能检测关键技术研究及仪器研制	山东省纺织科学研究院、山东省特种纺织品加工技术重点实验室	刘 壮、冯洪成、王德保、付 伟、李 政、焦 会
28	纺织品检测试样切碎机	天津市针织技术研究所、天津禾田电器有限公司	邓淑芳、于建军、张 民、张学双、张 弛、邢志贵、单学蕾、张学东、姚秀娟
29	废涤纶织物并列复合柔软再生纤维生产技术研究及产业化	宁波大发化纤有限公司	钱 军、秦 丹、王方河、邢喜全、史春桥、李晓东、杜 芳
30	高效节能短流程聚酯长丝高品质加工关键技术及产业化	新凤鸣集团股份有限公司、嘉兴学院	沈健彧、庄耀中、赵春财、薛 元、颜志勇、许纪忠、崔 利、刘春福、郑永伟、钱卫根
31	含杂环的芳香族聚酰胺纤维（F-12 纤维）50 吨／年产业化技术	内蒙古航天新材料科技有限公司、中国航天科工六院四十六所	冯艳丽、李九胜、王宝生、柴永存、胥国军、牛 敏、邹纪华、白玉龙、焦李周、汤建军

贰等奖

序号	项目名称	主要完成单位	主要完成人
32	高保形弹性聚酯基复合纤维制备关键技术与产业化	南通永盛纤维新材料有限公司、永盛新材料有限公司、东华大学、杭州汇维仕永盛化纤有限公司、杭州汇维仕永盛染整有限公司、嘉兴学院、 吴江市天源织造厂	赵继东、王华平、石红星、陶建军、陶志均、徐 华、王朝生、颜志勇、马青海、叶洪福
33	有色间位芳纶短纤维工业化	东华大学、圣欧芳纶（江苏）股份有限公司	胡祖明、于俊荣、王 彦、诸 静、钟 洲、车明国、杨 威、刘立起、王丽丽、颜 言
34	抗氧化改性聚苯硫醚纤维界面技术及其产业化	苏州金泉新材料股份有限公司、太原理工大学	樊海彬、张蕊萍、李文俊、戴晋明、郭利清、连丹丹、相鹏伟、张 勇、秦加明、张建英
35	彩色差别化涤纶丝熔体直纺产品多元化工程技术	浙江华欣新材料股份有限公司	曹欣羊、周全忠、段亚峰、钱樟宝、薛仕兵、汪森军、赵江峰、喻 平、严忠伟、叶 雷
36	粘胶行业高效节能酸浴处理技术	唐山三友集团兴达化纤有限公司	刁敏锐、曹 杰、冯林波、苏宝东、姜德虎、杜红莲、苏文恒、徐瑞宾、徐广成、王大明
37	特种材料双层异构过滤布研制及应用	辽宁天泽产业集团纺织有限公司、辽东学院	张明光、梁红艳、蒋 锵、刘刚健、杨宝艳、孙小聆、张志丹、崔传庆、林 伟
38	基网多轴叠合制造技术的研发	上海金熊造纸网毯有限公司、四川环龙技术织物有限公司	陈 风、谢宗国、杨金魁、周兴富、戴永君、胡春梅
39	高效节能聚酯纺粘针刺胎基布一步法生产技术与成套装置研发	天鼎丰非织造布有限公司、大连合成纤维研究设计院股份有限公司	聂松林、姜瑞明、井孝安、高志勇、万 溯、武跃英、陈炎坤、孙彦洁、吴玉灿、张星云
40	高强聚酯长丝复合 PE 增强格栅的研制	宏祥新材料股份有限公司	崔占明、孟灵晋、刘好武、王 静、郑衍水、孟令健
41	高强智能集成化纤维复合土工材料研发及应用	泰安路德工程材料有限公司	梁训美、王继法、陆诗德、王 静、梁 磊、刘凤梅、刘文超、王景红、陈广娟、王 粟
42	阻燃、隔热多功能织物复合关键技术与应用	中原工学院、保定三源纺织科技有限公司	朱方龙、张艳梅、刘让同、房 戈、胡丹丹、李克兢、祖莲香、陈晓鹏、冯倩倩

叁等奖

序号	项目名称	主要完成单位	主要完成人
1	一种细旦超柔型面料的开发与研究	吴江福华织造有限公司	肖 燕、鲁宏伟、林清旭、陈信咏、吴 庆、胡国东、秦 峰
2	新型聚丙烯酸酯浆料关键技术研究与新产品开发	绍兴中纺院江南分院有限公司、西安工程大学、中国纺织科学研究院江南分院、襄阳银纱纺织化工有限公司	崔桂新、沈艳琴、张小云、武海良、吴长春、许增慧、韩 静
3	莱赛尔纤维螺旋捻合纺纱技术及产品研发	德州恒丰纺织有限公司	王思社、付 刚、许炳义、唐志燕、赵传德
4	帆布凉席生产关键技术研究及产业化	山东立昌纺织科技有限公司	王希明、刘建敏、蒋国平、劳洪国、王佃民、马兆霞
5	中厚型高弹高蓬松超仿棉织物关键技术研究及应用	福建凤竹纺织科技股份有限公司	李昌华、樊 蓉、张 宇、冯岚清、罗镇祥
6	纬编提花麂皮绒织物研究与开发	浙江港龙织造科技有限公司、绍兴文理学院	章培军、朱 昊、王 娟、冯世英
7	柞蚕茧壳正压前处理及蛋白酶脱胶关键技术研究	丹东中天柞蚕生物科技有限公司	慕德明、隋明芳、张少华、慕程程、孙靖涛
8	石洗柔软粗毛纺织物材料研发及应用	浙江神州毛纺织有限公司	牟水法、王建华、吴玉锌、陆颖芬、娄玉凤、张 磊、陆玲娟
9	怀旧毛针织绒低温染色技术的研究	浙江新澳纺织股份有限公司、上海澳曼羊毛信息咨询有限公司、浙江省屏纺织化工股份有限公司	梅 开、蔡冠新、周效田、陈慧珍、王菊花、王亚海、许海军
10	半精纺纯绢丝在顺毛大衣呢上的开发与应用	江苏阳光控股集团有限公司	陈丽芬、曹秀明、曹敬农、刘 刚、陆文亚、许 勇、何 良
11	含毛面料极光成因分析及消光剂制备技术	武汉纺织大学、中国人民解放军军事经济学院	陈益人、权 衡、祁 锋、邓中民、李 刚、徐秋燕
12	家纺宽幅高档面料湿蒸无盐染色工艺的研究与产业化开发	华纺股份有限公司	闫英山、李春光、吕建品、刘跃霞、徐惠娟、王海花、周 勇
13	特宽幅圆网高精细环保四分色印花	山东欧化印染家纺有限公司	戴志健、刘晓龙、欧翠英、全亦然、刘 忠、王 震、裴晓博
14	活性染料低温短流程带蜡印染技术的研发与应用	济宁如意印染有限公司	孙利明、孙俊贵、夏 星、颜 奇、纪德峰、申永华、刘桂丽
15	纺织品喷印工艺的研究及产品开发	丹东优耐特纺织品有限公司	李晓霞、严欣宁、张迎春、李金华、孟雅贤、肖婷婷、刘凤兰

叁等奖

序号	项目名称	主要完成单位	主要完成人
16	多功能家用纺织品生态整理关键技术	南通大学、南通斯恩特纺织科技有限公司、江苏圣夫岛纺织生物科技有限公司	王海峰、管永华、严雪峰、刘其霞、黄惠标、季涛、王春梅
17	抗菌消臭复合清洁化家纺面料的后整理技术及产业化	紫罗兰家纺科技股份有限公司、南通大学	张瑞萍、刘金抗、汪明星、陈永兵、陈凤、韩硕、王晓燕
18	多功能生态型竹棉混纺纤维地毯加工关键技术	江苏工程职业技术学院、南通华普工艺纺织品公司	陈志华、马顺彬、张炜栋、蔡永东、王生、贺良震、汪祖华
19	有机硅／氟改性离子型水性聚氨酯纺织助剂构效设计及关键制备技术	武汉纺织大学、宁波润禾高新材料科技有限公司、丽源（湖北）科技有限公司、湖北际华新四五印染有限公司	权衡、姜会钰、倪丽杰、沙振中、杨振、邱双林、黎谦
20	YJ40系列粗纱弹簧摇架的研制	常德纺织机械有限公司摇架分公司	俞宏图、周平、宋浩、黄永平、喻东兵、彭舜
21	伺服电机驱动筘动起毛圈剑杆毛巾织机	广东丰凯机械股份有限公司	夏云科、戴晓晗、张士丹、杨刚、刘志远、任建冬、胡琴
22	全自动母丝分丝整经一体机	福建省航韩机械科技有限公司	林铭亮、刘瑞平、高家瑜
23	G1736型剑杆织机	恒天重工股份有限公司、襄阳市辰智自动化有限公司	汤其伟、刘延武、王自豪、吴刚、王江霞、贾志斌、郑奇波
24	LMV50D型圆网印花机	江苏鹰游纺机有限公司	江顺章、徐传功、陈鹏、张新红、张兴鑫、黄俊鹏、刘永宏
25	电脑激光切割绣花一体机	天津宝盈电脑机械有限公司	高接枝、肖亮、王彬、郭芳、谢斌、鲍胜群、何德甫
26	CO_2激光切割机的研究开发及其在服装皮草领域的应用	浙江纺织服装科技有限公司、杭州中泰激光科技有限公司	寿弘毅、王政、陈根才、赵连英、周建迪、朱丹萍、潘梁
27	价值型流行行销服务平台推广及应用	常州旭荣针织印染有限公司	张国成、左凯杰、刘慧清、金雪、毛蓓、王海波、马方方
28	多用途纺织品皮革检测样品制备平台研制	中山出入境检验检疫局、中山市启元机械科技有限公司、广东检验检疫技术中心	朱军燕、王京力、庄浩、张晓利、赵珍玉、孙克强、徐霞
29	静电防护功能材料静电动态／静态衰减性能测试系统	山东省纺织科学研究院、山东省特种纺织品加工技术重点实验室	杨成丽、蔡小平、李娟娟、丁帅、付伟、焦亮
30	HDT-1化纤长丝热应力测试仪	陕西长岭纺织机电科技有限公司	高玉亭、杨晓峰、王勤、张秀丽、吕志华、杨虎、戈文侠

叁等奖

序号	项目名称	主要完成单位	主要完成人
31	防电磁辐射功能纺织品性能研究和评价仪器研发	中国纺织信息中心	伏广伟、杨金纯、杨 萍、贺显伟、耿轶凡、王 玲、谢 凡
32	直纺半光多孔扁平纤维的研制与产业化技术	桐昆集团股份有限公司	邱中南、孙燕琳、彭建国、沈洪良、倪慧芬、张子根、苏汉明
33	超高收缩涤锦复合超细纤维及高密度高性能无尘布生产技术	营口三鑫合纤有限公司	梅艳芳、刘洪娟、庄 辉、金朝辉、王明坤、杨 哲、洪名汉
34	连续纺单纤1.11dtex粘胶长丝技术开发	恒天天鹅股份有限公司	李建伟、张志宏、杜树新、陈洁龄、田文智、张志涛、鲁士君
35	低过冷度相变材料纳胶囊及相变保温粘胶短纤维的产业化开发	恒天海龙股份有限公司、天津工业大学、联润翔（青岛）纺织科技有限公司	王乐军、张兴祥、姜 露、马君志、王建平、吴大伟、李昌垒
36	功能性、高超真超纤革及面料关键技术的研发	浙江梅盛实业股份有限公司、天津工业大学、北京服装学院	钱晓明、钱国春、龚 奂、庞天恩、钱安林、张宝弟、张云丰
37	3.2米多纺粘（SSS）丙纶非织造布生产线及工艺技术	中国纺织科学技术有限公司、宏大研究院有限公司、恒天嘉华非织造有限公司	安浩杰、张战强、帅建凌、崔洪亮、余国洪、许洪哲、陈 曦
38	防水透湿劳保鞋革的研究与应用	山东同大海岛新材料股份有限公司	王乐智、张丰杰、朱晓丽、陈召艳、冯国飞、王吉杰、王霏霏
39	热防护织物的制备与性能研究	天津工业大学	郑振荣、赵晓明、孙晓军、张鹤誉、刘 旻、王国武
40	聚烯烃中空纤维膜关键技术研究与开发	天津工业大学、天津市胸科医院、天津医科大学第二医院	张宇峰、刘 振、陈英波、倪 磊、王 翔、张 宇、刘建实

柔性复合纤维（短纤、长丝）成套装备及产品集成化研究

主要完成单位：深圳市中晟纤维工程技术有限公司、
东莞市新纶纤维材料科技有限公司

该项目针对功能性差别化新合纤的国内外市场需求，围绕着新合纤品种的研究和柔性复合纤维新设备、新技术的设计开发进行产业化研究。

该项目主要研究内容：1. 柔性复合短纤、长丝成套设备机电仪集成产业化设计和制造；2. 对海岛短纤、长丝生产关键部件组件喷丝板进行了独特创新设计；发明、设计、制造了皮芯复合型、并列型、桔瓣型、米字型、多层型等系列复合组件和喷丝板；3. 系统研究了复合纤维（短纤、长丝）的生产工艺技术，编制了技术指导说明书、操作规程及设备维修保养手册；4. 形成了国内具有自主知识产权的八纺位（六头）复合民用长丝标准化、柔性化、产业化生产线近 30 条，24 纺位年产4000 吨定岛型海岛复合短纤维生产线 2 条；5. 研究、设计了超纤皮革预浸 PVA 成套设备和工艺技术；6. 研究、设计了 PU 湿法含浸成套设备和工艺技术；7. 研究、设计了连续碱减量蒸汽开纤和洗涤成套设备和工艺技术。

同时，还获得了"整体凸台式海岛复合纤维喷丝板"、"海岛超细纤维针刺无纺布仿真皮的加工方法"两项发明专利以及"连续碱减量机上转鼓抽吸洗涤装置"、"生产并列花生形复合纤维的复合喷丝板"、"生产并列花生形弹性纤维的复合喷丝板"、"生产双十字形并列复合纤维的单通道复合喷丝板"、"生产双十字形并列复合纤维的双通道复合喷丝板"等多项实用新型专利。

该项目系统地研究设计开发了柔性复合纤维（短纤、长丝）成套设备的集成产业化和工艺技术，满足了国内外市场对功能性差别化新合纤生产设备和技术的需求，促进了化纤行业的技术进步和产业升级，拓展了纺织新产品的应用领域，且为开发多功能、高感性纤维提供了柔性硬件平台和技术软件包，形成了具有自主知识产权的新技术、新装备、新产品。

低扭矩环锭单纱生产技术及其应用

主要完成单位：香港理工大学、香港中央纺织有限公司、湛江大中纺织有限公司、湛江中湛纺织有限公司

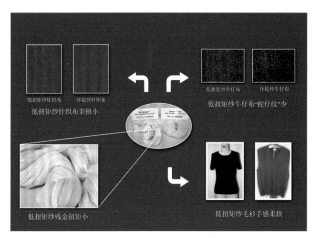

该项目针对以环锭为基础的纺纱技术都未能降低单纱残余扭矩的问题，在对成纱机理和纱线结构进行系统理论和实验研究的基础上，原创性地提出了低扭矩环锭单纱结构及其机械性能关系的理论以及一步法生产低扭矩环锭单纱的概念，发明了低扭矩环锭单纱的物理加工方法和纺纱设备。

该项目系统研究了纺纱附件与环锭细纱机在机械和工艺上的配合，实现了传动比对单纱扭矩的定量控制，通过传动比控制达到了纺纱张力和捻度的平衡，发明了单锭电机集成控制纺纱装置和符合大规模自动化生产要求的纺纱装置和设备。系统地研究和建立了优化纺纱工艺，系统研究和优化了后道工艺，如络筒清纱、机织、针织、染整和服装加工等。发明了新型纱线扭结测试方法和设备，建立了工业生产的质量保障体系。该技术适用于各类纤维的纯纺和混纺以及短、长纤维纺纱系统。可加工现有环锭细纱机无法正常加工的超低捻度纺纱。可在环锭纺、紧密纺、赛络纺、梭罗纺和赛络菲尔纺多个系统进行生产，开发各种纱线及其服装产品。

该项目是一项原创技术，在低扭矩环锭单纱技术的原理性研究上取得重大突破，拥有系列自主知识产权，共申请国内外 11 项发明专利，其中涵盖核心技术的 4 项已获授权。

该项目是一项系统和集成创新技术，包括理论、工艺、装置、质量保障、产品开发和市场推广。低扭矩单纱具有低捻、高强、低扭等其他环锭纱不具备的优良特性。针织物的歪斜度显著降低，棉纺产品具有独特的羊绒手感并可机洗，已进入高附加值高档服装市场。技术采用超低捻度纺纱，纺纱单位时间产量大幅度提高 25－40％，绿色环保，具显著节能降耗优势，每万锭每年可省 73 万度电，加工成本显著降低。

该技术经济效益明显，有很好的应用前景，对纺织行业技术提升、产品升级具有积极的推动作用。

舒适性超薄苎麻面料系列关键技术研发及其产业化

主要完成单位：湖南华升洞庭麻业有限公司、东华大学

该项目通过对与苎麻纤维发育相关的基因转换成分子标记技术研究，创新性地采用等级诱变育种技术，培育出纤维细度由现有的1800Nm提高到2500Nm以上、原麻含胶由现有的32%降低至23%的超细度高品质苎麻纤维。

该项目研究了专用苎麻脱胶生物酶制剂，配套研究了高品质苎麻专用"生物—化学"的联合脱胶工艺与装备，并对"生物—化学"阶梯脱胶工艺进行优化，以解决现有精干麻硬条、并丝多的技术难题，制备出超高支苎麻纱线专用优质麻球；研究了苎麻短纤纺专用网格圈紧密纺纱装置、多元载体苎麻长纤纺专用气流槽聚紧密集聚纺装置、新型苎麻湿法纺纱的方法及其装置、超高支苎麻面料织造防稀密路装置等系列关键核心技术，进行舒适性超薄苎麻面料的目标开发，赋予面料柔软的手感，为贴身类苎麻面料开发奠定了理论和实践的基础；研究了苎麻染整专用组合染料及专用抗刺痒和防皱助剂，优化经轴染整工艺，解决了超薄型苎麻面料印染易产生破洞的技术难题，显著改善了苎麻面料的刺痒感和抗皱回弹等性能；根据苎麻脱胶废水的特征、水量和水质波动规律，针对性地研究了该废水的专用处理系统及其配套的生物制剂，使外排水达到国家一级排放标准。该项目整体技术达到国际领先水平。

该项目使纱线支数由36-250Nm提高到400Nm，面密度由70-150g/m²提高到16-30g/m²。与常规化学脱胶比较，吨精干麻用汽减少40%，用水减少26%，脱胶废水中的COD浓度减少20%，排放量减少26%。

该项目的应用在苎麻行业起到了良好的示范，尤其在可产业化应用的组合脱胶、系统紧密集聚纺、织物防稀密路等技术为苎麻的产业升级奠定了坚实的基础。

汉麻纤维结构与性能研究

主要完成单位：中国人民解放军总后勤部军需装备研究所、西安工程大学、汉麻产业投资控股有限公司

该项目以可大面积种植和综合利用的低毒汉麻为对象，采用多种现代测试手段，深入测试和分析了汉麻的结构与性能，为确定汉麻纤维加工工艺和加工设备提供了依据，并为汉麻产业化技术的发展提供了必要的基础理论支撑。

研究的主要内容有：1. 采用现代测试手段，测试分析汉麻不同地域、不同生长时间，植物不同部位组成变化的规律，全面分析汉麻韧皮纤维的形态结构、超分子结构和化学组成，初步提出汉麻纤维分子结构模型；2. 采用先进的测试方法和测试手段，

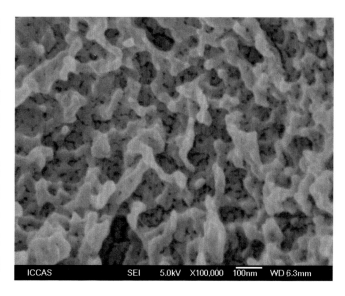

全面测试分析了汉麻纤维的力学性能、表面性能、抗菌性能、吸附性能、抗紫外性能、光、电、热、湿性能等，并揭示这些性能与汉麻纤维内部结构组成之间的关系；3. 在结构性能分析测试的基础上，探讨汉麻纤维的抗菌防臭机理，防紫外机理，吸湿排汗机理，化学吸附机理等，为汉麻纤维特种功能织物开发奠定基础；4. 全面分析鲜茎剥皮、机械脱胶、生物脱胶、闪爆加工、高温蒸煮、碱处理、液氨处理、热胀染色、二氧化碳超临界处理等对汉麻纤维结构与性能的影响，为汉麻纤维新型加工工艺和加工设备、纺纱工艺设备、染整工艺设备，以及汉麻增强复合材料的研发提供理论上的依据。

该项目的成果对纤维加工和生产具有很强的实际指导性，表现在：（1）汉麻品质的研究可指导农民种植优质高产的汉麻；（2）加工技术对结构及性能的影响研究指导了汉麻纤维生产技术的研究，指导了西双版纳州第一个年产5000吨新型高技术汉麻纤维加工厂的建设；（3）机理研究为其功能得到充分应用奠定了基础，同时研究成果还可用于指导其它麻类的应用研究及生产加工。相关企业根据汉麻纤维的性能，有针对性地开发出上百种汉麻服用与家用产品，推动了汉麻产业的健康稳步发展。

连续式阳离子染料可染聚酯装备和工艺开发

主要完成单位：上海聚友化工有限公司、中国纺织科学研究院、桐昆集团浙江恒盛化纤有限公司、吴江赴东纺织集团有限公司化纤分厂

该项目属于化纤原料领域的技术和设备开发，适合于有三、四单体加入的均聚物或高含量添加剂加入的共聚物的差别化聚酯连续式聚合的生产过程。

阳离子染料可染聚酯（简称 CDP）因其具有织物吸色容易、上染率高、不退色等优异的性能，现已成为我国改性聚酯中产量最大的一种品种，广泛应用于仿真丝织物、花色织物与羊毛混纺织物等领域。长期以来，我国阳离子染料可染聚酯的生产工艺主要是间歇聚合装置，也无法实现熔体直接纺丝，而且生产过程中存在熔体过滤器及纺丝组建更换周期短，聚酯熔体纺丝和染色性能差等问题。连续式的聚合装置的关键技术仍被少数发达国家所垄断，因此开发出具有自主知识产权的连续式阳离子染料可染聚酯装备和工艺成套技术，对于提高差别化聚酯的产品质量和降低生产成本是非常重要突破。

该项目研究和开发了三单体（SIPE）制备工艺、注入、混合和反应工艺及整个装置相应的酯化、预缩聚和终缩聚工艺优化、熔体直接高速纺工艺，研究了低聚物管道在线添加技术，优化了低温短流程连续聚合工艺条件，形成了完备的阳离子染料可染聚酯连续生产的成套工程化技术。首次成功的开发出了带有染色基团的三单体在线管道添加技术、双室均化器等专利技术，保证了工业化产品质量的稳定性和均匀性。首次成功的开发出低温短流程熔体直接纺工艺技术，保证生产高品质的丝织产品的同时，进一步节省了能耗。与国内外其它阳离子染料可染聚酯装置相比，该项目提供的技术工艺流程短、设备效率高，单耗低，综合能耗低，产品质量优良，装置运行稳定和可靠，投资少，整体技术先进，达到国际先进水平。

该项目开发的技术与装备 5 年来已建成了三条年产 6 万吨阳离子染料可染聚酯的工业化装置，实现了熔体直接纺长丝 POY 和 FDY，为企业带来丰厚的利润，同时也为我国聚酯行业的差别化产品的工业化连续生产提供了技术支持，促进了我国聚酯行业的结构调整和优化升级。

百万吨级 PTA 装置工艺技术及成套装备研发项目

主要完成单位：中国纺织工业设计院、重庆市蓬威石化有限责任公司、浙江大学、天津大学

该项目主要科技内容：1.低温、中温、高温氧化反应动力学；2.鼓泡塔式反应器冷模试验；3.氧化反应器多功能进气系统模拟试验；4.溶剂脱水工艺；5.CTA/PTA 结晶动力学及模拟试验；6.CTA/PTA 干燥工艺及模拟试验；7.CTA 加氢精制动力学；8.单元建模及全流程模拟软件。

该项目工程技术研发：1.依托济南正昊年产 8 万吨 PTA 装置进行工业化试验；2.完成济南正昊年产 60 万吨 PTA 装置工艺包；3.依托重庆蓬威石化完成年产 90 万吨 PTA 装置基础设计；4.和制造厂及高校合作研制 PTA 干燥机等关键设备，以投资计，设备国产化率达 80%以上；5.已申报专利 21 项，其中授权 9 项；6.分散型控制系统及仪表安全系统应用软件。

该项目科技进步及应用推广：1.该项目是国内首套采用自主技术和国产化成套装备建设的 PTA 装置，其顺利投产，打破了国外技术垄断，结束了我国长期完全依赖引进技术和设备建设 PTA 装置的历史，对我国 PTA 工业的发展具有里程碑式的意义。2.百万吨级国产化 PTA 装置的问世，将促进我国 PTA 工业的快速发展，以及行业升级换代及结构调整。3.实现聚酯产业链的垂直整合，降低投资及成本，提高我国聚酯产业链在国内外市场的竞争力。4.国内 PTA 工业的发展，必将带动机械、电子等相关产业的相应发展，也为劳动就业及国家的持续发展做出贡献。5.继蓬威石化 PTA 装置投产之后，江苏海伦年产 120 万吨 PTA 装置及绍兴远东年产 140 万吨 PTA 装置相继与中纺院签约，应用推广前景看好。

高性能维纶及其纺织品开发

主要完成单位：四川大学、总后军需装备研究所、四川维尼纶厂、东营市半球纺织有限公司、浙江新建纺织有限公司、湖南省湘维有限公司、山东沃源新型面料有限公司、上海全宇生物科技遂平有限公司、绵阳恒昌制衣有限公司

该项目针对量大面广的工装面料及军警作训服面料坚牢度差、舒适性差、防护性能差等问题，研制出纤维表面具有致密皮层、可受高温热水加工的高性能维纶，通过纺纱、织造和染整工艺的系统设计研究，研发出坚牢结实、穿着舒适、可兼具其他防护功能、可高温消毒、性价比高的工装和作训服面料。

自主研发了湿法加硼纺丝和醛化相结合生产高性能维纶的全新工艺，对原液制备、纺丝和后处理工艺进行了创新优化，使纤维具有适当比例的致密皮层和取向度，强度达 7.5cN/dt 以上，兼具耐热水性，水中软化点达 112℃ 以上；开发了长丝束醛化和机械卷曲生产高性能维纶的新技术，纤维强度达 8cN/dt 以上，水中软化点大于 114℃，综合性能优良。

该项目系统研究了混比、纱线结构、织物结构及染整工艺，解决了面料坚牢耐磨与舒适性的矛盾、致密皮层的染色难题、维纶定形后手感发硬问题、以及 95℃ 热水消毒导致皂洗色牢度低的问题。含高性能维纶新作训服的热阻小于原作训服；耐平磨指标比原军标提高 7.2 倍、相近平方米重下实际耐平磨次数提高数倍至十多倍；断裂和撕裂强度均优于国内外同类产品，实际使用寿命成倍增加。并可在 95℃ 下达到皂洗色牢度 4-5 级，可实现高温洗消，适合国外及国内未来工装租赁供应方式。该项目总体技术处于国际领先水平。

该项目以产学研结合和全流程结合的方式形成产业链合作研发，以高强耐磨、耐高温湿态加工、湿舒适作为军警作训服和国内外工装面料的必备性能，在纺丝、纺纱、织造、染整和服装整个技术环节进行系统优化。

该项目技术先进实用，具有产业链集成创新的特点，市场前景十分广阔。该项目的研发和推广对我国传统纺织行业技术改造和创新能力的提升具有十分良好的示范作用。

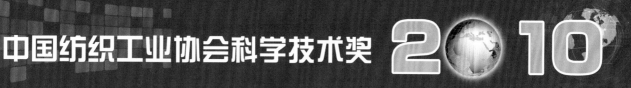
高强耐腐蚀 PTFE 纤维及其滤料开发和产业化

主要完成单位：浙江理工大学、西安工程大学、南京际华三五二一特种装备有限公司

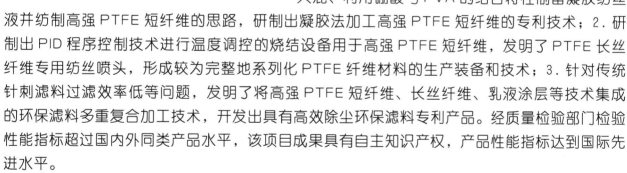

该项目属纤维制备技术和非织造技术为主体的跨学科综合性研究。项目瞄准聚四氟乙烯（PTFE）纤维及其环保滤料耐高温、耐腐蚀的特性，以及大量依赖进口的局面，进行综合性研发，目的是提高 PTFE 纤维及其环保滤料的生产工艺和设备水平，推进"蓝天工程"，为我国环境领域综合治污提供新型过滤材料。

主要内容包括：1. 针对传统 PTFE 裂膜纤维均匀性差问题，提出采用 PTFE/PVA（聚乙烯醇）共混、利用硼酸与 PVA 的络合特性制备凝胶纺丝液并纺制高强 PTFE 短纤维的思路，研制出凝胶法加工高强 PTFE 短纤维的专利技术；2. 研制出 PID 程序控制技术进行温度调控的烧结设备用于高强 PTFE 短纤维，发明了 PTFE 长丝纤维专用纺丝喷头，形成较为完整地系列化 PTFE 纤维材料的生产装备和技术；3. 针对传统针刺滤料过滤效率低等问题，发明了将高强 PTFE 短纤维、长丝纤维、乳液涂层等技术集成的环保滤料多重复合加工技术，开发出具有高效除尘环保滤料专利产品。经质量检验部门检验性能指标超过国内外同类产品水平，该项目成果具有自主知识产权，产品性能指标达到国际先进水平。

截止到 2009 年 12 月，项目获得和公开中国专利 7 项（其中获授权发明专利 5 项，公开发明专利 1 项，授权实用新型 1 项）；起草企业标准 2 项；形成 2 大类产品：耐高温、耐腐蚀的高强 PTFE 纤维和具有高效除尘高性能环保滤料，产品广泛用于包括首钢、大庆石化、南京凯盛水泥、江苏国泰等在内的大型燃煤电厂、水泥厂、炼钢厂、垃圾焚烧等行业的高温尾气处理上，取得了显著的经济社会效益。项目技术和产品对促进我国高性能纤维、环保过滤材料的研究和加工水平，提高环境质量具有重要意义。

高性能碳纤维三维纺织复合材料连接裙的研制

主要完成单位：天津工业大学

固体火箭发动机壳体连接裙是实现固体火箭发动机壳体级间段连接或与其它部件连接的关键承载结构部件，其在整个工作过程中需要承受轴压、弯曲、剪切等载荷的作用，这就要求连接裙的制造材料具有较高的结构强度和较小的材料密度，以减轻连接裙的重量、增加固体火箭发动机质量比。目前我国现有定型型号上固体火箭发动机复合材料壳体的连接裙均采用金属材料连接裙，与美国、俄罗斯等国外发达国家已广泛采用复合材料裙相比，金属材料连接裙存在重量大、容器特性系数低、加工装配复杂、制造成本高以及与复合材料壳体连接部位的应力集中等技术问题。

该项目先后成功研制了可织造直径为1400mm、三维机织圆桶形预制件的三维机织专用设备，创新性地开发了带端筐的整体复合材料裙预制件的三维机织工艺和变厚度的三维机织工艺，成功开发了超大型三维机织预制件树脂基复合材料RTM复合固化的工艺技术，成功设计制造了碳纤维树脂基三维纺织复合材料整体裙用RTM模具和脱模工装。经实验测试，所研制的两种尺寸碳纤维树脂基三维纺织复合材料整体结构连接裙的力学性能超过了规定的标准；制件表面光洁，无缺陷；制件经过 x- 射线检查，制件内部无缩孔和疏松、气孔、

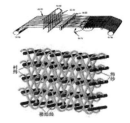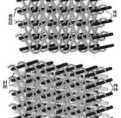

裂纹等，实现了研制合同中对复合材料裙要求的各项性能指标并通过了装机考核。同时，该项目所研制的三维机织复合材料制件的制作技术，已经成功推广应用到高性能制件上。该项目研制的三维机织复合材料的性能达到了国际先进水平。

三维纺织复合材料连接裙研制成功，为我国固体火箭性能的提高奠定了坚实的技术基础。同时，为研制其它形状的高性能三维整体机织复合材料制件提供了理论依据和技术保障。也进一步拓展了纺织技术在高性能复合材料和航天航空领域中的应用。

千吨规模 T300 级原丝及碳纤维国产化关键技术与装备

主要完成单位：中复神鹰碳纤维有限责任公司、东华大学、连云港鹰游纺机有限责任公司

该项目在中复神鹰碳纤维有限公司 500 吨原丝 220 吨 T300 级碳纤维中试的基础上，结合工业化腈纶生产中积累的控制技术与连云港鹰游纺机有限责任公司几十年化纤纺织机械的设计、制造与成套集成技术，通过技术集成与创新，建成国内首条具有国际先进水平的 2500 吨原丝 1000 吨碳纤维连续装备，该项目重点通过一步法连续大型稳定聚合、离子交换树脂螯合纯化等创新技术，解决了聚合体的质量瓶颈问题；通过凝固浴浓度及温度的精确控制、氨化亲水、浸涌水洗新技术、分配牵伸比例的优化和大型高压饱和蒸汽牵伸和喷丝组件的结构设计等获得了高取向度优质原丝；通过开发具有自主知识产权的专用油剂与可控均质化预氧化工艺和无焦油碳化处理等技术，实现了性能均匀稳定的千吨级 T300 碳纤维的生产；在关键设备方面，研发了 $20m^3$ 大型聚合釜、高压蒸汽牵伸机、新型叠式外热预氧化炉、超宽幅低温碳化炉与高均匀性高温碳化炉及相应的精密控温系统等，实现了 T300 级碳纤维生产中的聚合、纺丝与碳化等工艺的精确控制与连续生产。该项目形成了具有自主知识产权的 PAN 基碳纤维工程化核心技术、关键设备和配套系统，建成了年产 2500 吨原丝 1000 吨 T300 级碳纤维的规模化生产体系，打破了国外的技术垄断与进口限制，实现国产碳纤维的规模化生产，产品质量达到国际通用的 T300 级产品标准。

千吨级 T300 碳纤维的工业化生产，打破了国外的技术与装备封锁，从根本上改变我国碳纤维受制于人的现状，极大地缓解民用和军用领域对碳纤维的需求。同时将推动我国碳纤维工业的发展和赶超国际先进水平，尤其对高性能碳纤维如 T700、T800 等的研发具有良好的示范和不可估量的技术支撑作用，其次对提高国内高强纤维产业的国际市场竞争力，推动我国纺织化纤工业加快结构调整、技术进步和产业升级均有促进作用，并进一步推动我国高性能纤维及先进复合材料以及航空、航天、新能源等相关行业的发展，大幅度提高并促进我国相关行业，如电子工业、军事工业、交通运输等行业的快速发展，产生一举多得的技术共振效应。

蜡染行业资源循环利用集成技术与装置

主要完成单位：青岛凤凰印染有限公司

蜡染由于工业化规模生产历史相对较短，其在印染各阶段的工艺技术及设备相对其它印染行业较为落后，是印染行业中资源消耗及污染极为严重的行业。该项目针对蜡染生产中存在的松香、热能及水资源等消耗过大的突出问题，重点研究松香的回收及循环利用技术、高温热能回收及利用技术和污水深度处理及回用技术，并将以上各单项技术在同一蜡染车间进行集成，采用自动的信息化管理模式进行管理运行，实现蜡染企业的资源循环利用，在节约生产成本的基础上达到节能减排的目的。

该项目重点研究松香的回收及循环利用技术，并成功研发了适合工业化生产的分离提取－多级高温炼化－过滤工艺对松香进行回收及循环利用，松香回收率由40-60％提高到95％。同时研究了高温热能回收及利用技术，研制出双级自循环S型无动力式热交换器及其自动监控系统。经过该装置处理，高温废水的温度可由80-85℃下降到30℃以下，比常规热交换技术提高热能回收率25％。研究了废水深度处理及回用技术。根据蜡染各阶段废水的污染特征采取清浊分流，分质处理与综合治理相结合的方法，对水洗废水、退蜡废水及终端废水分别采用不同的处理工艺进行处理并回用到不同的生产工序中，废水总回用率达到30％以上。

该项目实施后，从蜡染废水中每年可提取松香约4800吨，可新增效益3000万元。每年可减少向环境中排放COD约14235吨；年可交换热水21.6万吨，节约标准煤1440吨，增效108万元；年可减排废水30多万吨，年污染物排放量减少20％。

该项目对于提升我国印染行业，特别是蜡染行业资源再生利用的整体技术水平具有重要的推动作用。可以为我国印染行业开展清洁生产和循环经济起到示范和推动作用，为我国印染行业的持续发展开辟新的道路，为保护环境、资源循环利用做出巨大贡献。

纺织服装生产数据在线采集与智能化现场管理系统开发及产业化

主要完成单位：惠州市天泽盈丰科技有限公司、武汉纺织大学、电子科技大学

该项目在掌握 RFID 技术如何在服装生产线实施应用的基础上，研究面向服装行业应用的低频 RFID 数据采集终端系统架构、RS485 多点并发的实时通讯网络、RS485 通讯的智能信号放大机制、RS485 通讯的智能分线系统等实现

与应用的关键技术，开发基于 RFID 技术的服装企业生产信息化管理系统，实现生产任务进度控制、生产物料追踪以及生产核心环节实时监控调度等功能。其中硬件主要性能指标包括工作模式：RS85 实时；标签类型：无源标签；多语言转换平台：中文简体，中文繁体，英文，越南文；电磁骚扰特性：符合国家标准 GB9254-A。管理软件主要性能指标包括开发工具：Delphi 6.0；最大负荷：处理 120 万条实时刷卡数据／天。该项目达到国际领先水平。

该项目开发的 ETS 设备批量生产的成本控制在 1000 元人民币内，两年后形成年产 10 万台以上读写器产品的生产能力，可实现利税 7200 万元。在整个纺织服装行业，ETS 可给全行业带来显著的经济效益：生产货期至少提前 1 个星期，直接降低延期走货率 30% 以上，WIP 减少 20% 以上，疵品率至少减低 10%，生产效率提高 10% 以上，促使企业合理整合利用信息资源，帮助传统企业实现产业升级。

ETS- 实时数据采集及生产管理系统将作为中国服装行业领先的生产现场数据采集及管理分析专家，以 RFID 技术为基础，可发展成为具有服装生产线现场管理和数据分析功能的软硬件完整体系，提高企业效率 10% 以上。

该项目经过国内外 15 家企业达 20,000 台智能数据采集终端机的推广应用，在传统服装生产行业成本控制、效率提高、订单管理、货期管理、品质管理、货物跟踪、实现服装生产过程精细化管理等方面取得显著效益，具有很好的推广和应用前景。

天然彩色桑蚕茧丝关键技术研发及产业化

**主要完成单位：苏州大学、鑫缘茧丝绸集团股份有限公司、西南大学、
中国农业科学院蚕业研究所、浙江大学、
四川省农业科学院蚕业研究所、浙江花神丝绸集团有限公司**

现代丝绸工业生产一直使用白色蚕茧，一直依赖化学染色才能生产彩色丝绸产品，有大量的印染等加工废水产生，产品有化学染料和药物残留。天然彩色茧丝产品是近年来茧丝绸行业一直期盼的产品，对减少染整排放、提升丝绸纤维的影响力具有示范意义，具有广阔的发展前景。

该项目以原创蚕品种为突破口，创制天然色彩的优质原料茧，研究阐明了天然彩丝的分子结构、纤维特性与色素转运规律等基础科学问题。提出了茧丝加工理论与技术方法，发明了提高色彩浓度和色牢度的方法，解决了产品颜色不匀、存在色斑，加工过程中色素严重流失和色牢度差的国际性难题。高水平解决了现代茧丝绸工业要求的茧形、丝量和丝质及原料茧生产要求的产量和抗性问题，集成创新了生物工程技术和膜技术回收丝胶蛋白质和生产废水，实现了高效清洁茧丝绸产业化生产。

该项目育成并通过省部级审定天然彩色茧桑蚕品种3个，研制了高效鉴别试剂与防伪技术，获发明专利授权10件、新产品9个、编制完成省级和国家标准3个、论文55篇。

在6省市推广生产天然彩茧原料，38.7万原料茧生产农户增收超过20%。利用天然彩丝优于其他纤维的透气性、抗菌性、柔软性及光泽感等特性，开发了出具有优良服用性能和独特保健功能的丝绸服装产品。获高新技术产品1个、国家丝绸协会创新金奖产品2个，应用企业获3个中国名牌产品及中国驰名商标，有效促进了茧丝绸龙头企业快速升级与水平提升，提高丝绸行业的市场竞争能力，具有非常好的经济和社会效益。

该项目以工业产品开发为中心，理、农、工多学科联合攻关，从丝蛋白纤维创制的源头蚕品种创新开始，创制天然彩色桑蚕原料茧和深加工关键技术，并实现了产业化生产技术创新集成与应用，是生物纤维纺织工程的系统原创成果，具有创新示范意义。项目创制的天然彩丝纤维特性显著有别于传统白色和染色产品，不需染色，并生产实现了废水和丝胶的高效回收利用，建成了国家级节能减排与资源循环利用的茧丝绸生产示范基地。

天然彩色桑蚕茧丝及部分产品

万吨级国产化 PBT 连续聚合装置及纤维产品开发

主要完成单位：江苏和时利新材料股份有限公司、 纺织化纤产品开发中心

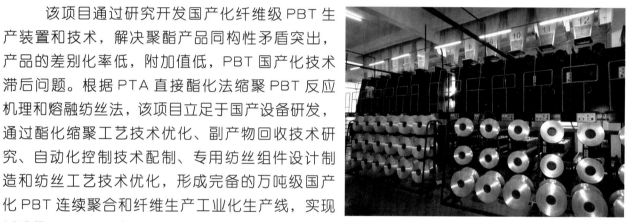

该项目通过研究开发国产化纤维级 PBT 生产装置和技术，解决聚酯产品同构性矛盾突出，产品的差别化率低，附加值低，PBT 国产化技术滞后问题。根据 PTA 直接酯化法缩聚 PBT 反应机理和熔融纺丝法，该项目立足于国产设备研发，通过酯化缩聚工艺技术优化、副产物回收技术研究、自动化控制技术配制、专用纺丝组件设计制造和纺丝工艺技术优化，形成完备的万吨级国产化 PBT 连续聚合和纤维生产工业化生产线，实现纤维级 PBT 切片和 PBT 纤维的稳定生产。主要研究内容包括：

1．建立 PTA 直接酯化法数学模型，采用 Newton-Raphson 迭代法进行数据处理，指导工艺参数选择。

2．国产化三釜流程连续纤维级 PBT 聚合装置研究：通过搅拌器下置式反应釜、带液压马达的聚酯卧式反应装置、四氢呋喃（THF）精馏回收装置研制和国产 DCS 控制系统配制，满足万吨级国产化纤维级 PBT 聚合。

3．酯化缩聚工艺优化研究：通过酯化温度、催化剂种类和催化剂用量对酯化速度、酯化率、四氢呋喃（THF）生成量以及缩聚反应速度和树脂质量的影响规律，确定较佳的合成工艺参数。

4．直接酯化合成 PBT 副产物 THF 回收工艺及设备的研究：通过双塔差压精馏技术研究，优化加压塔压力、回流比和换热器温差等工艺参数，达到四氢呋喃（THF）高效回收、节能目的。

5．国产纤维级 PBT 切片纺丝工艺的优化和专用纺丝组件的研制：通过干燥、纺丝温度、纺丝速度、冷却、卷绕、加弹等工艺条件的研究及专用纺丝组件设计制造技术研究，确定了最佳的纺丝工艺和设备。

该项目研究开发的万吨级国产化纤维级 PBT 连续聚合、纺丝软硬件成套技术，具有完全的自主知识产权，申请 1 项发明专利，6 项实用新型专利，具有流程短、投资低、能耗低、环保等特点，填补了国内空白。该技术适用于高品质纤维级 PBT 切片和 PBT 纤维的工业化生产，生产工艺稳定，重现性好，产品的各项性能指标达到国际先进水平。与进口产品相比具有很好的价格优势，自成果转化投入生产以来已大量使用，取得了良好的经济效益和社会效益。

一步法异收缩混纤丝产业化
成套技术与应用

主要完成单位：徐州斯尔克纤维科技股份有限公司、
北京中丽制机工程技术有限公司、东华大学

近年来，随着国际纺织面料向薄型高密度、环保功能性、低纤复合型等方向发展，纺织业升级换代加快，差别化纤维市场需求迅速增长。作为差别化纤维重要品种之一的异收缩混纤丝具有原料组合多样、性能设计灵活、面料风格独特等特点，广泛用于服装、家纺面料及各类工业用布等领域。

一步法异收缩混纤丝采用纺丝＋混纤一步法工艺，与目前两步法混纤丝相比，具有生产效率高、流程短、消耗低、定长定重等优点，特别适合加工高档仿真面料。但是目前一步法异收缩混纤丝加工中还存在工艺稳定性差、异收缩率调控困难等技术瓶颈，缺乏与之配套的专用生产装备及纺织染整加工技术研究。因此，必须对一步法异收缩混纤丝制备技术和成套设备、纺织品染整加工技术进行系统研究，以实现高品质一步法异收缩混纤丝的生产并开发其在高附加值纺织品领域的应用。

该项目在工艺技术、装备制造、产品应用方面进行了系统的研发和集成创新：设计了POY+FDY同机并行纺丝、高速复合网络多机合一的一步法工艺技术；突破了复合点张力匹配、异收缩精确控制、高速多重网络等关键技术；研发了专用的同步纺丝、同步卷绕、双风室双风道侧吹风系统、多头精密高速卷绕头等关键设备；首次建立了产品异收缩性能测试评价方法；研究了一步法异收缩混纤丝最佳纺织、染整加工技术条件。建成了多条一步法异收缩混纤丝生产线，并实现了规模化生产。在一步法异收缩混纤丝成套技术与应用方面具有自主知识产权，

共申请专利39项，其中发明专利21项；已授权专利12项，其中发明专利1项；制定并实施企业标准4项，申报行业标准1项。项目总体技术具有创新性，达到国际先进水平。

该项目成果已在多家企业推广应用，取得了显著的经济和社会效益，对实现纺织产品原料多元化、增强我国纺织品国际竞争力起到了良好的推动作用。

催化功能性纤维及其应用基础研究

主要完成单位：浙江理工大学

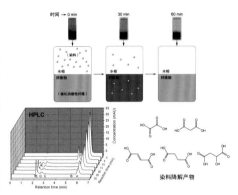

加强纤维领域原创性基础研究和技术开发是我国从纤维大国向纤维强国迈进的必由之路，提高室内空气质量和治理水质污染是关系人类生活质量和身体健康的重大现实问题。该项目利用纤维材料在居室中大量使用以及纤维材料与染料的亲和性等独特优势，提出用催化功能性纤维降解有机污染物的新思路，主要研究内容：

1. 催化功能性纤维消除室内空气中挥发性有机化合物

以室内空气中的常见的甲醛、甲硫醇和硫化氢为目标污染物，设计制备了两类催化功能性纤维。一类是中空核壳结构纳米催化剂负载型催化功能性纤维。发明了中空核壳结构纳米二氧化钛光催化剂的制备方法，突破了影响二氧化钛实际应用的光腐蚀有机载体的国际性难题。该催化功能性纤维在紫外光照射下可以有效除去甲醛等有害气体。另一类是金属酞菁负载型催化功能性纤维。合成了两类新型金属酞菁衍生物，通过化学键合制备催化功能性纤维，无需光照在自然条件下可催化消除甲硫醇和硫化氢等臭气。

2. 催化功能性纤维降解水中染料等有机污染物

以工业废水中的染料、酚类化合物为目标污染物，研究催化功能性纤维的设计制备、降解有机污染物的性能、催化机理、降解历程和降解产物等一系列基础理论问题。首次提出了"纤维相转移原位催化降解染料等有机污染物"的思想。即利用催化功能性纤维与染料等有机污染物的特殊亲和性，将染料等目标污染物吸附富集到催化功能性纤维界面和内部进行原位催化氧化降解，催化功能性纤维可重复循环使用。发现碳材料协同金属酞菁的催化机制，碳材料的引入能大大提高金属酞菁的催化活性。

该项目在国际上开创性地开展催化功能性纤维降解有机污染物的研究工作，在国内外期刊发表学术论文60余篇，其中SCI收录35篇，EI收录31篇，10篇代表性论文SCI引用105次，单篇引用次数最高为45次，提升了我国在纤维材料科学基础研究领域的国际影响力。该项目申请16项国家专利，已授权11项国家发明专利和1项国家实用新型专利，为消除空气和水中有机污染物开辟了新途径。

COOLTRANS 冷转移印花技术

主要完成单位：上海长胜纺织制品有限公司

该项目所研究开发的 COOLTRANS 冷转移印花技术及冷转移数码印花技术是一项可解决印花环保，达到清洁生产及高精度的印花技术，生产出来的产品可以媲美数码印花的精细度和半色调照相效果，而成本低、产量高，对提升纺织工业的核心竞争力，提高产品附加价值具有促进作用。

该项目的技术特点在于：成功研发隔离剂，并通过涂布隔离剂制成 COOLTRANS 冷转移印花纸，适印性强，并且转移率可高达 99%；研发出多项的多糖类糊料用于水溶性印花色浆水墨，在相同染料浓度条件下，相对于海藻、CMC，我们所研发的多糖类糊料仅需 0.6% 的糊料用量，由此可降低墨层厚度，以及色浆中的用水量，从而使介质图案很轻易在印刷图案中烘干；在印花工艺中开发应用新型前处理剂，利用纤维对阳离子前处理剂的吸附，增加染色过程中染料的吸附、渗透和扩散，其与快干转印色浆水墨相匹配，可将转印速度提升到 25-30m/min，固色率提升到 95%；项目还设计开发了凹版、柔版生产转移印花纸的技术，印刷车速达 60m/min；前处理液精确上浆技术，上浆量精确到 ±1%；多辊毯带式高速冷转移印花机；高端品质 COOLTRANS 冷转移数码喷墨印花等。

COOLTRANS 冷转移印花技术适用于全棉、尼龙、真丝、羊毛、涤纶等面料的印花生产，产品的花纹精细，层次丰富而清晰，艺术性高，立体感强，正品率高，转移时可以一次印制多套色花纹而毋须对花，图样设计变化方便，灵活性强，客户选中花型后可在较短的时间内印制出来。产品水洗牢度达 4 级，干摩擦牢度达 4 级、湿摩擦牢度达 3 级、日晒牢度达 4 级以上，综合成品率高达 99%，而每百米印花布生产能源消耗仅是传统圆网印花的 68% 左右，水资源消耗仅是传统圆网印花的 13% 左右，处理后的出厂排放废水达到国家城镇污水排放标准一级水平。

该项目对于冷转移印花各关键工序环节和设备持续创新开发，形成了从转印纸生产到印花产品的固色，从印刷机到转印机的全套工艺技术突破，从而实现了冷转移印花产品的市场化规模生产。

JWF1418A 型自动落纱粗纱机

主要完成单位：天津宏大纺织机械有限公司、北京经纬纺机新技术有限公司

随着纺织业的快速发展和市场竞争的需要，纺织企业对纺织品品质的要求越来越高，织造、印染等后道工序对纱线质量也提出了更高要求。纺纱企业要提高成纱质量必须要加强对前纺各工序半制品的质量控制。长久以来，纺织企业就已经认识到半制品在操做、工序间运送等过程中的触摸、摩擦、碰撞等对成纱纱疵、毛羽的影响，从而采取一些措施来减少上述情况的发生。但要从根本上消除人为操作产生的质量问题，就必须实现纺纱车间生产的自动化，包括采用清梳联、粗细联和细络联等技术，形成纺纱自动生产线，这样，不仅可以减少纺织厂万锭用工人数，而且可以有效解决半制品的质量控制问题。因此，粗纱机自动落纱技术是提高自动化程度、提高生产率、降底劳动强度、稳定成纱质量、实现传统纺纱连续化生产的关键技术之一。

该项目主要研究内容：1.通过内置式自动落纱系统，发明在粗纱机上从锭翼两侧自动取满纱放空管的落纱形式，实现粗纱机从落纱到换管、生头、开车的全自动纺纱。2.通过"空满管交换装置"独有技术，实现粗纱机上的满筒粗纱和粗细联输送系统上的空纱管进行交换并实现粗纱满空管自动输送。3.具有全自动纺纱过程中的自动监测系统，粗纱机自动落纱的各

个环节安全可靠。4.取消传统粗纱机的锥轮变速、成形、差动等机构，采用四台电机分部传动；运用智能变比值控制、智能 PID 控制、动态补偿；应用 DSP 技术、伺服和变频调速技术，创建四台电机速度数学模型、粗纱成形及恒张力数学模型，实现四台电机之间的同步控制。5.采用 ARM 嵌入式系统和 DSP 系统进行主控；人机界面采用 windows CE 操作平台，具备完善的在线故障诊断、查询和统计分析功能。6.通过互联网，实现粗纱机远程监控、诊断。7.采用以太网方式，具备先进网络功能，实现用户网络管理。8.具有大纱自动降速、防细节、贮存成熟工艺、断电保护功能等功能。

JWF1418A 型自动落纱粗纱机的研制成功，提高了国产粗纱机的自动化和智能化程度，全面提升粗纱机整体技术水平，实现了用高新技术对传统粗纱机的升级改造，促进了传统纺织业的产业升级。

面向数字化印染生产工艺检测控制及自动配送的生产管理系统研究与应用

主要完成单位：杭州开源电脑技术有限公司

该项目结合染整工艺，运用计算机科学、人工智能、精密测量、自动检测与控制、自动识别等技术，建立以染整专家系统为核心的印染企业生产执行信息平台，科学制定生产工艺和配方，精确在线检测和控制生产过程关键工艺参数，精准计量和配送助剂／染化料，做到订单成本一单一结，实现印染企业从生产端到管理端的全过程信息化管理。

为减少传统人工制定生产工艺和配方所产生的不确定性，消除企业生产和工艺信息互相隔离的弊端，开发以染整专家系统为核心的印染企业生产执行信息平台，科学制定生产工艺和配方，实现生产工艺信息集成管理；为改变传统核算方式，开发以订单为核心的生产管理系统，实现订单成本一单一结；针对助剂／染化料种类多，采用多管路输送成本高、配送效率低的问题，开发总线式管路技术，建立粘度、压力和流量的数学模型，实现多种特性助剂／染化料在线准确计量和定点高效配送；针对生产在制品进度查询困难的问题，将RFID射频识别技术应用于印染生产，实时跟踪在制品所处生产环节、位置及生产进度。现已申请3项发明专利，获2项实用新型专利授权。技术达国际先进水平。

该项目的推广应用，可降低生产过程返修率20％以上、能源消耗15％以上、废水排放20％以上，提高一等品率2％以上。

目前国内劳动力结构性短缺，生产成本上升，市场竞争激烈，对印染企业节能减排要求越来越高，企业迫切需要进行自动化、信息化改造，该项目具有拥有良好的推广前景。

该项目的研发及产业化推广将节能减排从末端治理转变为源头预防和过程控制，减少生产过程中能源和水资源消耗，降低污水排放，促进清洁生产；可有效解决染整行业劳动力结构性短缺、生产成本上升、人力资源竞争激烈等问题。项目的研发及推广是稳定纺织品质量、提高产品附加值，淘汰落后产能、调整行业结构、转变经济发展方式的有效途径之一。

纤维／高速气流两相流体动力学及其应用基础研究

主要完成单位：东华大学

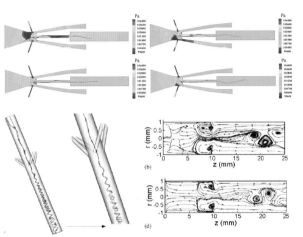

纺织气流问题是纺织科学中的重要基础性课题。纤维在高速气流场中的位置、取向、弯扭度等直接决定了成品的结构、性能及质量。高速气流的纺织应用更是为喷气（涡流）纺纱、喷气引纬、熔喷技术等纺织新技术、新工艺的产生与发展奠定了基础。

该项目对纤维在高速气流场中的运动规律、纤维与高速气流的相互作用机理及其在喷气及喷气涡流纺、气流喷嘴减少纱线毛羽、熔喷等纺织技术领域中的应用等难题进行了深入研究，围绕纤维／高速气流两相流动力学开展了系统的研究工作。针对纤维／气流两相流中的刚性圆柱杆或椭球形颗粒模型无法体现纤维的弹性、柔性特征的不足，构建与完善了基于柔弹性特征的纤维模型；在国内最早采用 CFD 及激光多普勒测速等流场测试技术，深入揭示了纺纱喷嘴内高速旋转气流场的流动特性；采用拉格朗日—欧拉法建立了纤维／气流两相流的耦合动力学模型，在国际上首次实现了纤维在纺纱喷嘴内高速旋转气流场中运动的数值模拟，并结合高速摄像的实验方法，获得了纤维运动、变形特征及其与高速气流场的相互作用规律；理论研究结果的应用揭示了喷气纺及喷气涡流纺的加捻原理、气流喷嘴减少纱线毛羽、熔喷技术中纤维成型的机理。

该项目共获得 4 项国家发明专利、3 项实用新型专利授权；在国内外纺织、流体力学、应用数学等期刊上发表高质量研究论文 38 篇，其中 SCI 收录 31 篇，经教育部科技查新工作站（G05）检索，累计他引 102 次，最高他引 34 次；培养博士研究生 5 名，硕士研究生 8 名，其中 00 级博士研究生曾泳春的学位论文"纤维在喷嘴高速气流场中运动的研究和应用"荣获 2007 年全国优秀博士学位论文；04 级博士研究生郭会芬的学位论文"喷气纺纱喷嘴内三维旋转气流场及柔性纤维运动研究"荣获 2011 年上海市优秀博士学位论文。

该项目理论研究的成果已应用于纺织工程的实践。设计开发了具有自主知识产权的自由端喷气纺纱喷嘴并逐步改进，实现了工艺参数的系统优化与成纱质量的精确预测；受太平洋机电集团上海纺机研究所委托，承担了国产喷气纺纱机的关键部件——喷嘴的研制，为先进设备国产化提供核心技术；与山东烟台华大科技有限公司合作，对熔喷无纺布设备的关键部件进行设计，采用数值模拟的方法指导实验研究，在此基础上开发了中、大幅宽熔喷无纺布生产线并已推向市场。项目的实施，对我国纺织行业加强基础理论研究起到了助推作用，为攻克喷气纺纱等的关键技术与研制具有自主知识产权的相关设备奠定了基础。

废聚酯瓶片液相增粘／均化直纺产业用涤纶长丝关键技术与装备开发

主要完成单位：龙福环能科技股份有限公司、中国纺织科学研究院、上海聚友化工有限公司、北京中丽制机工程技术有限公司、扬州志成化工技术有限公司

聚酯由于具有质轻、透明等特点已经成为瓶装水、食品等包装材料最重要的原料。近年来，我国积累聚酯瓶社会存量达 2500 万吨，其中多数为一次性使用，如果不回收利用，既造成资源浪费，也严重污染环境。我国再生聚酯纤维行业虽已有二十多年的发展历史，但由于废旧瓶片不规整、含杂多、粘度差异大，导致在纤维生产过程中机头压力波动大、过滤性能差、纺丝断头多、可纺性差。

该项目针对废聚酯瓶片的特点，通过对瓶片筛选、粉碎、清洗、混配、干燥、螺杆熔融、过滤、液相增粘／均化、纺丝等全流程进行研发与设计，最终形成液相增粘直纺涤纶工业丝、液相均化直纺 FDY 涤纶长丝和直纺 POY 涤纶长丝的工艺与装备成套技术。重点研制了瓦片挡料板预结晶装置、防架桥干燥装置、大压缩比和大长径比螺杆挤压机、双级过滤装置、卧式自清洁单轴液相增粘反应器、鼠笼搅拌式均化反应器、小型节能纺丝箱体、专用组件、多级拉伸热定型装置等，满足了不同品种、多种规格产品的生产需要。在国际上首创并形成 5000 吨／年规模直纺再生涤纶工业丝生产线，在国内首创并形成 3 万吨／年规模直纺再生 FDY 长丝生产线，累计推广并形成 17 万吨／年规模直纺再生 POY 长丝生产线。该项目已申请国家专利 16 项，授权 4 项，其中发明专利授权 1 项，核心技术拥有自主知识产权。

利用废聚酯瓶片生产工业丝比使用原生聚酯成本低，所生产的产品性能优异，再生涤纶工业丝断裂强度达到 6.73cN/dtex，再生 FDY 涤纶长丝断裂强度达到 3.5cN/dtex，再生 POY 长丝断裂强度达到 2.27cN/dtex，分别达到采用原生切片纺制相关产品的行业标准。使用自产的再生 FDY 长丝及 POY 长丝为原料生产的纬编毛毯和高档经编毛毯，已远销中东、非洲、欧美等 20 余个国家和地区。

该项目的成功开发，实现了废聚酯瓶片的高值化利用，对减少对石油的依赖程度，建立环境友好型、资源节约型社会，发展循环经济起到了有效的推动作用，符合低碳经济的发展模式和国家可持续发展的战略方针，具有显著的经济效益和社会效益。

高效节能环保粘胶纤维成套装备及关键技术集成开发

主要完成单位：唐山三友集团兴达化纤有限公司

该项目针对原有粘胶短纤维生产装备对原料适应性不高、多品种柔性化生产尚有差距，节能减排、环保治理新技术需要全面推进，关键设备大型化、高效化缺少自主核心技术的引领等问题，集成开发出成套装备及关键技术。实现了在多品种差别化生产的同时，大幅度提高核心设备的效率、显著降低能源消耗和废气排放、促进行业节能减排和清洁生产；实现了粘胶短纤维装置大型化、高速化、柔性化，生产过程高效化、低碳化、清洁化，产品标准化、多样化、功能化，项目总体技术达到国际领先水平。

该项目以国内原有先进的生产线为基础，集成创新，对大型高效关键设备、含硫废气处理技术、智能调控技术等领域进行了集成开发，开发过程中大量应用新工艺，新技术。通过实施本项目，完成了 45m³ 黄化机、96 锭内置二浴式纺丝机、3.6 米幅宽多段逆流自纠偏网带式精练机、3.8 米幅宽节能型链板式烘干机等粘胶短纤维专用设备的开发，单线产能达到 6 万吨以上，使国内粘胶短纤维单线产能挤身国际先列；集成创新设计应用了纺丝、牵伸、切断同步控制技术、纺前注入自动检测控制技术、连续浸渍浴比自动控制等控制模块，形成稳定的 DCS 控制体系，达到稳产高产；引入应用了一步法提硝、酸冷结晶、十四级闪蒸、膜分离等技术，达到了缩短工艺链条，降低能耗，节约能源的目的；开发应用包括碱洗 H_2S，活性碳吸附 CS_2，NaHS 制片全流程含硫废气处理技术，含硫废气回收率达到 95% 以上，实现了环保生产。

该项目已有二条生产线在唐山三友远达纤维有限公司投入运行，实现了高产能，高效率，低能耗、低排放生产粘胶短纤维，与国内领先水平相比用工降低 38.6%，优等品率提高 9%，单位产品综合能耗降低 15%，新生产线生产的产品各项指标处同行业前列。产品品种达到多元化生产，可生产莫代尔纤维，医疗卫材用洁净高白度纤维，高白细旦等多种品种，取得了显著的经济效益和社会效益。在项目实施过程中申请并获得受理与该项目相关的专利 16 项，其中发明 5 项；发表论文 15 篇。

该项目采用新工艺、研发新设备，应用新技术，实现了粘胶短纤生产高效节能环保，达到国际领先水平，对行业产业升级和技术进步具有示范作用，对淘汰落后产能、提高行业国际市场竞争力意义重大，具有广阔的应用前景。

年产 20 万吨熔体直纺涤纶工业丝生产技术

主要完成单位：浙江古纤道新材料股份有限公司、浙江理工大学、扬州惠通化工技术有限公司

液相增粘熔体直纺涤纶工业丝技术是一项涤纶工业丝生产新技术，但由于多项技术瓶颈限制，一直未能大规模产业化应用。该项目结合工程设计、核心装备研制和工艺技术开发，攻克了高能效液相增粘、高粘熔体输送和大容量多头重旦纺丝等关键技术，在国际上首次实现年产 20 万吨一头多尾柔性化液相增粘熔体直纺涤纶工业丝产业化生产，各种产品质量达到了现行的固相增粘切片纺产品的相同水平。

长期以来液相增粘熔体直纺技术有五个难点一直制约着大规模产业化应用：第一、由于熔体在增粘釜内的粘度较高，保证粘度逐步增高的熔体在增粘反应器中获得一致的反应条件和停留时间是一个极大的技术难题；第二、在增粘釜内高温反应条件下，聚酯熔体在进行缩聚反应的同时各种副反应也会同步进行，容易增加熔体中的杂质，使熔体色泽变黄，熔体可纺性变差；第三、由于高粘熔体粘度高、流动性差，高粘熔体在增粘釜中容易产生挂壁和结焦现象，一般设计的增粘釜难以做到长周期稳定运行；第四、涤纶工业丝纺丝要求熔体粘度达到 0.85—1.05dL／g 甚至更高，通过液相增粘制得的高粘熔体的动力粘度很高，熔体输送困难并且降解严重；第五、熔体直纺涤纶工业丝与熔体直纺涤纶民用丝和切片纺涤纶工业丝有着重大差异，必需开发大容量多头重旦纺丝集成技术。

该项目在工程化研究成功的基础上，研发了年产 20 万吨熔体直纺涤纶工业丝生产技术，进行了系统设计和原始创新与集成创新，攻克了一系列新问题和技术难点。主要关键技术有以下三个方面：第一、大容量高能效液相增粘反应器的设计和长周期稳定运行。由于大容量熔体直纺生产涤纶工业丝需要连续提供大容量高品质高粘熔体，因此对液相增粘反应器的产能、熔体品质和连续稳定运行时间提出了更高的要求。第二、高粘熔体的输送和分配。由于涤纶工业丝使用的熔体粘度相比民用丝要高得多，达到 0.95—1.0dL／g 以上，因此熔体输送系统的设计更加复杂和特殊。第三、涤纶工业丝大容量多头纺纺丝技术。由于熔体直纺突破了切片纺受螺杆熔融熔体挤出流量的限制，传统的涤纶工业丝切片纺丝技术不能满足要求；同时，由于涤纶工业丝多头纺丝属于高粘和重旦纺丝，又与民用涤纶丝的多头纺丝技术有重大区别。

高效现代化成套棉纺设备
关键技术及工艺开发与应用

主要完成单位：经纬纺织机械股份有限公司

该项目的研究旨在提供棉纺机械产业共性技术研发与应用示范，结合成套棉纺设备关键设备研发，解决涉及纺织行业全局性的重大技术问题，大幅降低设备能耗，进一步提高成纱质量、提升产品附加价值，带动解决棉纺企业存在低水平竞争、浪费资源、日益严重的招工难、用工成本迅速增加的问题，为我国在未来 10～15 年内提供棉纺技术改造的新一代纺纱机械，加速我国棉纺行业的产业升级换代和技术进步，为我国纺织工业走新型工业化道路，实现产业升级和由纺织大国向纺织强国转变提供国产精良装备和技术支撑。

该项目重点研究了成套设备中的数字化单元机的高速、高效、高质和高可靠性技术；粗纱自动落纱和空满管输送技术；细纱集体落纱和留头技术；带识别功能的细络联系统；棉纺设备网络监控与管理技术；以及高效现代化成套设备的纺纱工艺、质量控制模式、设备维护等技术，实现高效现代化棉纺成套设备的自动化、连续化运行。

该项目采用数字技术实现纺纱过程在线检测、自动控制和网络监控，实现清梳联、粗细联合（粗纱自动落纱、空满管输送）、细络联（细纱集体落纱，管纱分拣、引纱、导入络筒单锭生产）、纺纱车间网络管理等自动化、连续化、信息化、高速、高效生产；国际首创机幅 1500mm，直径 1288mm 宽幅大锡林梳棉机，增加锡林主梳理区弧长和梳理角度，优质高效；采用嵌入式全数字短片段并条机自调匀整装置及在线检测装置，简化了系统硬件，提高了系统的抗干扰能力和匀整精度；使用三上三下附加压力棒曲线牵伸设计的棉精梳机，提高精梳条干和成纱条干质量。

目前我国每年新增和改造纱锭 500 万锭，按综合市场占有率 40% 计算，每年有 200 万锭需求，按该项目带来的增量需求 20% 计算，再加上出口 10% 的比例，可带来年增量销售 45 万锭。生产网络监控系统是我国棉纺织企业信息化的薄弱环节，设备绝大多数处于没有网络的单机作业状态，不利于决策者快速和及时掌握生产状况。截止到 2009 年底，我国拥有棉纺设备 1 亿锭，多数未配置网络管理系统。从 2011 年开始，经纬纺机每年至少有 200 万锭棉纺设备标配联网系统，若加上对棉纺企业现有设备的信息化改造，市场潜力巨大。

GE2296 高速双针床经编机

主要完成单位：常州市武进五洋纺织机械有限公司

该项目主要围绕高速双针床经编技术与装备进行研究，突破了双针床经编机一系列关键技术和装备的设计制造技术。研究设计了双面曲轴连杆成圈机件传动机构以及曲轴相同曲轨的同步性，应用三维仿真软件对曲轴的静平衡、以及整机运动进行了动态仿真模拟，使高速传动更加平稳、冲击更小；优化设计了成圈机件运动曲线以及短动程舌针，减小了机件动程，缩短了停顿时间，各机件的运动配合更合理，提高了编织效率；研制了新型风冷、润滑、恒温系统，保持整机温度不受环境温度的影响，

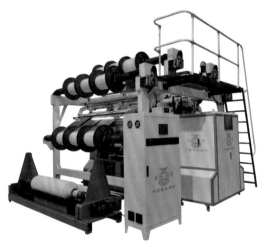

确保针距的精准性，使整机保证高速运转，同时延长了机器使用寿命；采用了多速多段智能送经系统，使送经量更精确，确保了化工、家居、体育及产业用纺织品对编织单件不同密度产品的使用需求；设计了 N 型花盘凸轮横移机构，横移更精确，对梳栉冲击更小。

该项目制订了"GE2296 高速双针床经编机企业标准"等技术文件，获授权专利 3 项，申请发明专利 3 项，已进入实质性审查的二审阶段。

该项目研制的高速双针床经编机稳定车速达到了 1000rpm，生产效率是目前国际同类机器的 1.25 倍，运行平稳、噪音低，机器的技术和性能处于国际领先水平，价格与国外同类产品相比具有明显优势。该机器已投放市场，用户反映良好，取得了较好的经济和社会效益。同时，项目的完成促进了传统纺织机械的发展和产业化升级所需的高端装备，是高效、高性能纺织机械重大技术装备与经编技术的一个重大突破，可以打破国外同类设备的垄断局面，对提升我国纺织机械的制造水平和国际竞争力具有重大战略意义。

聚酰亚胺纤维产业化

主要完成单位：长春高琦聚酰亚胺材料有限公司、吉林高琦聚酰亚胺材料有限公司、中国科学院长春应用化学研究所

高性能纤维是关系到国防建设和国民经济的发展、支撑国家高新科技产业发展的关键性材料，是推进各类高技术功能纺织品和合成新材料的物质基础。国家发改委曾连两年将聚酰亚胺材料包括聚酰亚胺颗粒及纤维技术和设备列入鼓励进口目录。

该项目采用全新的聚合物结构设计，研发了独特的原液制备和催化剂添加技术，获得高分子量、高均相、可纺性良好的纺丝原液，并创新性地研发了聚酰胺酸溶液直接湿法纺丝、干燥、酰亚胺化、高温牵伸的连续生产新工艺；研制了聚合反应釜、纺丝机、牵伸炉、亚胺化炉等关键生产装备，集成创新了千吨级聚酰亚胺纤维成套技术和装备，工艺技术先进可靠，生产运行安全稳定。该项目申请发明专利 8 项，其中已授权 4 项，具有自主知识产权，总体技术达到国际先进水平。

该项目产品所开发的聚酰亚胺纤维已经在大型水泥窑尾袋式除尘器实现了工业化应用，主要技术性能指标及使用效果达到国外同类产品的先进水平，并通过了环境技术协会的产品及应用鉴定。该产品在高温隔热辊等多种高附加值复合材料方面具有广泛的应用空间。同时，该产品还可以用于功能性服装领域，为纺织工业提供了新型纤维材料，市场应用前景广阔。

聚酰亚胺纤维产业化技术的突破，打破了国外的技术垄断，打破了国际同类产品封锁，扭转了我国大型除尘器高温、高端滤料依赖进口纤维的被动局面，其产品的应用完全符合国家的产业政策，对推动我国行业进步和产业化全面升级具有十分重要的引领作用，经济效益和社会效益显著。

高性能真丝新材料及其制品的产业化

主要完成单位：苏州大学、江苏华佳丝绸有限公司、张家港耐尔纳米科技有限公司

丝绸业是我国的传统特色产业，中国丝绸产量占世界总产量的 75％ 左右，是我国重要的传统出口产品。真丝织物柔软华丽，有珍珠般的美丽光泽，吸湿、透湿透气性能良好。但长期以来真丝面料存在的传统缺陷也一直没有有效解决，真丝制品易皱、易变形已成为困扰国际丝绸界的难题。另外，真丝纤维

作为一种高档的蛋白质纤维材料，在产品抗菌功能方面也存在明显不足，不能满足人们日益增长的高档化和特殊功能方面的需求。有效解决真丝纤维及产品的传统缺陷、实现真丝制品抗菌功能，也是长期以来国内外研究者和产业界的研究热点和重要课题。

该项目主要技术内容：

1. 实现了真丝纤维的高弹性，解决了真丝面料的易皱难题。采用了超分子技术这一材料改性新技术，结合"异能态和异收缩"原理，开发并产业化生产了具有高弹性、高回复性的高性能真丝新材料，开发并生产了具有高度抗皱性能的系列化全真丝面料。其纤维特点是丝身具有弹性与良好的复原性，纤维呈现空间三维状，具有很强的毛型感，并具有优异的形状记忆功能。与普通桑蚕丝的明显区别在于弹性和膨松性显著增加，丝身更加柔软。验收结论为"产品主要性能达到国际领先水平，加工工艺具有原创性"。

2. 首次将纳米组装技术应用于天然纤维，在真丝纤维及制品内部原位生成并组装纳米银，

实现了真丝制品的高抗菌性能和长效抗菌性能。相关成果经项目验收，结论为"项目成果具有原创性，主要技术指标达到了国际领先水平"。

该项目拥有 6 项授权发明专利，5 项实用新型专利，制订了 1 项企业标准。已形成年产 240 吨高性能真丝纤维的生产能力，形成 150 万米的面料生产能力，60 万件服装加工能力。该项目成果极大地提高了丝绸企业产品的技术含量，实现了丝绸面料的高档化和功能化，提升了产品市场竞争力，增强了出口创汇能力，有效增加了劳动力就业，取得了显著的社会效益和经济效益。

CM101-350型多功能缩绒柔软整理机

主要完成单位：泰安康平纳机械有限公司

先进设备是提高纺织产品档次的根本途径，目前国内先进纺织后整理设备大多依赖进口，其高昂的价格使多数纺织染整企业无法承受。因此先进设备的国产化是发展趋势，不仅能提高国内染整设备的制造水平，还能降低设备的生产成本。

该项目开发了一种具有洗涤、缩绒、柔软、烘干及干态整理等多种功能的复合型设备，用于适应高档毛纺、仿毛、棉、麻、丝、PU革及多纤维混纺面料的后整理，以替代进口机型。该设备要求具有智能化、自动化、高效率、低能耗等特点，特别是要解决那些不适合在张力下处理的织物（如针织物）以及那些需要使织物组织和纱捻松弛以便获得最佳蓬松效果织物的后处理。

CM101-350多功能缩绒柔软整理机的工作原理是在织物洗呢、柔软整理过程中利用高压风机产生的高速气流及大直径辊筒的离心力带动织物撞击经特殊设计的挡管，实现织物快速洗呢及柔软整理。整理过程中无压力牵引，洗呢过程中无折痕出现；同时高速气流带动雾化洗剂强制穿透织物，可使洗涤效率高，浴比小，用时短，环保节能；通过合理的容布、气流循环及助剂循环结构设计可满足柔软、烘干和酶处理、砂洗、漂白等多种工艺要求；在气流循环系统中增加换热器可使织物进行烘干及干态整理，实现一机多用。该项目发明专利1项、实用新型专利2项。

该类设备产品首次完成了大直径不锈钢辊筒的高精度成型加工技术和工艺参数的在线检测及数控系统的研制，适用范围广泛。机械结构独特，自动化程度高，速度快、容量大，可实现一机多用，高效节能环保，各项性能指标达到或超过国外同类产品的先进水平，填补国内空白，是国内唯一具有自主知识产权的气流复合整理设备，技术达到国际先进水平。

该设备的投产并推向市场突破了纺织染整行业共性和关键技术装备难题，可替代进口。比较进口设备，制造成本较低，价格适中，比国外同等水平设备价格平均低30--50％，每年可减少进口花费的数亿美元，该机的一机多用解决了纺织染整成套设备重复引进问题，为纺织染整机械装备行业的产业升级做出贡献，具有显著的经济及社会效益。

高性能聚乙烯纤维干法纺丝
工业化成套技术

主要完成单位：中国石化仪征化纤股份有限公司、南化集团研究院、中国纺织科学研究院

　　高性能聚乙烯纤维为三大高性能纤维之一，强质比为纤维材料中最高，具有高强高模、质轻、高能量吸收、化学稳定、耐水、耐光、耐疲劳、耐磨损、耐弯曲、耐低温、电波易透射等多种优良特性，是国防工业和高技术产业发展的重要新材料。目前国际上形成以帝斯曼公司为代表的干法技术和以霍尼韦尔公司为代表的湿法技术。干法纺丝流程短，溶剂直接回收，无需萃取并减少排放；可纺制高强、细旦纤维，且产品耐磨、抗蠕变性能优异。国外干法产品的份额占75%，居主导地位，而国内干法产品长期依赖进口。该项目研究了高性能聚乙烯纤维干法纺丝技术及装备，解决了干法纺丝过程中超高分子量聚乙烯大分子缠结点控制的技术难题；与国外干法技术比，无冻胶过程，生产过程能耗低，形成了具有自主知识产权的工业化成套技术。

　　该项目在国际上首次提出了超高分子量聚乙烯纺丝原液通过喷头拉伸解除大分子缠结点的"纺程解缠"机理，建立了包含大分子缠结点参数的高分子柔性链熵弹簧－粘壶并联物理模型及其数学表达式，开发了快速计算最佳喷头拉伸比的计算程序软件；发明了纺程加热助闪蒸使溶剂快速挥发，同时实现大分子解缠结构固定的新式干法纺丝技术；发明了十氢萘／氮气混合气体压缩冷凝－膜分离－吸附分离与热能综合利用、间歇式精馏的溶剂高效回收、氮气循环利用和节能集成技术，回收率达到99.5%，实现了纺丝－溶剂回收一体化；发明了相关专用关键设备，集成开发了工业化生产成套装备，实现了工艺与设备的有机结合。整体技术达到国际先进水平。项目申请专利25项，其中已获授权发明专利8项，实用新型专利11项。

　　该项目首次在国内建成了成套干法纺丝工业化生产线，已先后在中国石化仪征化纤股份有限公司建成300吨／年和1000吨／年生产线各一条，实现了长周期平稳运行。产品主要技术指标达到国外同类产品先进水平。该项目的研制成功打破了国外独家技术垄断，产品成本显著低于国内外湿法和干法产品，具有"细旦、高强"的质量优势和强劲的市场竞争力。为民用高新技术产业的发展和国防工业的安全提供了可靠保障，对提升我国化纤行业的竞争能力起到了积极的促进作用。

纺织品低温前处理关键技术

主要完成单位：东华大学 华纺股份有限公司 青岛蔚蓝生物集团有限公司

织物前处理过程的水耗、能耗和CODCr排放量约占印染加工全过程的55%～60%。为促进印染行业的清洁生产水平，降低前处理过程温度、减少化学品的使用是必然选择。织物低温前处理技术中，冷轧堆前处理已经成熟并有产业化应用，该工艺虽然节能，但其化学品使用和污染物排放量显著高于常规工艺，不是真正意义的清洁生产技术。利用有机活化剂降低H_2O_2漂白温度的研究受限于有机活化剂的成本和效率等因素，不论是国际还是国内该技术未能真正实现产业化应用。该项目成功研发了系列纺织品低温高效退浆、精练和漂白前处理工艺，真正实现坯布按质、按需低温前处理的产业化应用。

该项目主要研究内容：

1．针对H_2O_2低温漂白效率低、成本高的瓶颈问题，项目创新设计了高效的金属配合物类仿酶催化剂，开发出其短流程合成工艺，实现规模化生产。研究了有机活化剂—金属仿酶催化剂的复配增效技术，提高催化效率的同时，显著降低了催化剂成本，其成本不到有机活化剂四乙酰乙二胺（TAED）的1/5。

2．利用定向基因改造技术改良野生碱性果胶酶产生菌，构建碱性果胶酶工程菌，提高果胶酶的耐碱性和H_2O_2耐受性，优化发酵工艺、开发液体酶活保护技术，在国内率先实现液体碱性果胶酶商品化。

3．构建H_2O_2催化—稳定控制体系，精准控制漂白过程中H_2O_2的分解速率；开发高效低温去蜡助剂，提高低温前处理织物的毛效；应用碱性果胶酶和仿酶催化剂，开发系列低温前处理工艺，将退浆精练温度最低降低至35-40℃、漂白温度最低降低至50℃，真正实现坯布按质、按需前处理加工。单位产品平均节水10%、节能35%、减少CODCr排放10%以上，节能减排效果显著。

该项目申请国际发明专利1项、国家发明专利21项（授权7项），发表论文20篇，培养研究生10名。棉型织物低温漂白关键技术达到国际领先水平。

该项目成果已实现产业化，低温前处理工艺在华纺股份有限公司的应用时间已超过两年，质量稳定。成果的推广对印染行业节能减排具有重大意义，经济、社会效益显著。

图像自适应数码精准印花系统

主要完成单位：浙江大学、杭州宏华数码科技股份有限公司、浙江理工大学、杭州电子科技大学

该项目是将绣花、提花织造工艺与数码印花相结合的创新技术，是在绣花或提花的布料上，通过高精的面料扫描，花型识别，将打印的彩色花稿在其面料上精准对位，用数码印花机进行叠印印花。使产品既有绣花、提花织物的高贵品质，又有丰富的图案色彩。因为绣花、提花面料装上数码印花机时，会产生位置、大小、方向等各向异性的扭曲变形，直接叠印就会产生对花不准的现象。因此整个系统在打印过程中，需要集成图像识别等软件控制技术，使其能实时快速地进行花形识别、纠偏与定位，检测图像变形，并在面料上精确定位打印彩色花型图案。

该项目已申请专利 7 项，已获得 2 项发明专利授权，1 项实用新型专利授权。该成果将数码印花与织造工艺相结合，研发图像自适应数码精准印花系统，将产生出既有提花、绣花类织物的花型层次丰富、外观高贵，又具有数码印花的色彩绚丽，同时成本低廉的全新纺织产品。以十字绣行业为例，自 2012 年该项目推出针对十字绣行业的图像自适应精准喷印机以来，促进了十字绣行业的快速发展，在此基础上，精准十字绣将发展至 3D、5D 十字绣，使行业进入家纺和日用品市场，同时也将迅速进入国际市场。

该项成果使纺织品真正实现了织造与数码印花相结合，将产生既有了提花、绣花等织造工艺的花型层次感与高档感，又具有数码印花随意印制、色彩款式丰富优点的一个全新纺织

产品 — 精准叠印提、绣花织物。提高了传统提花、绣花类产品的附加值，进一步增强了产品竞争力，为传统纺织印染企业的转型升级和提高产品附加值提供了一种全新的技术与工艺手段，使其能快速的适应市场变化，显著提升其个性化定制与高档纺织品的接单能力，从而推动传统纺织印染企业向定制化、多样化经营方式转变。

负载金属离子杂化材料设计制备及功能纤维与制品开发

主要完成单位：东华大学，上海德福伦化纤有限公司，太仓荣文合成纤维有限公司，上海康必达科技实业有限公司

该项目围绕抗菌功能材料及其在高感性聚酯纤维与制品中的应用，进行了抗菌功能材料制备、抗菌功能树脂原位生成、异形／细旦抗菌纤维成形及其针织品结构设计、染色后整理等系列关键技术的研究及规模化生产，主要创新点：

1. 开发了具有可控形态微纳结构的高分散性、高热稳定性负载金属离子抗菌功能材料制备关键技术。该抗菌功能材料具有可控微纳结构，平均粒径为200-300nm，在高温熔融加工过程中不变色、不变性。

2. 创立了抗菌功能纳米复合聚酯树脂的溶胶原位聚合和可控原位氧化－还原制备关键技术。该复合树脂中纳米银和氯化银分散均匀，粒径为400nm左右，可纺性好。

3. 攻克了高感性抗菌功能纤维细旦、异形加工技术，实现了兼具功能性和舒适性的系列抗菌聚酯纤维规模化生产。通过异形喷丝板设计、侧吹风冷却系统结构优化等纺丝关键技术的突破，成功开发了系列高感性的细旦多功能复合（包括导湿、阻燃、抗紫外）的抗菌聚酯短纤维、长丝及抗菌涤锦复合超细纤维。

4. 研发了高感性抗菌功能纤维针织品的组织结构设计、后整理和染色加工关键技术，实现了系列抗菌功能针织品的开发及应用。开发了冬季超柔保暖舒适性、夏季超爽凉爽舒适性为特征，兼具抗菌保健等复合功能的四大系列十四类针织产品，具有高效广谱抗菌效果，且耐洗性好。

该项技术处于国际先进水平，拥有自主知识产权，已获授权国家专利8项（其中发明专利4项、实用新型专利4项），为制备新型抗菌功能材料及其在纤维与制品中的应用提供了新方法新技术。研制的纳米复合抗菌功能材料不仅应用于纺织服装领域，还成功延伸应用于一次性妇幼卫生用品；开发的兼具舒适性和功能性的抗菌聚酯纤维，对改善人民健康、提高生活品质有重要贡献。

年产 5000 吨 PAN 基碳纤维原丝关键技术

主要完成单位: 吉林碳谷碳纤维公司、长春工业大学、中钢集团江城碳纤维有限公司、吉林市吉研高科技纤维有限责任公司

该项目通过自主研发，集成了创新水相悬浮聚合湿法二步法工业生产聚丙烯腈基碳纤维原丝新技术，为国内首创，获两项国家专利。其特点是工艺流程短、质量稳定、产量高、成本低，建成国内最大的 5000 吨／年 PAN 基碳纤维原丝生产线，并成功达产。形成一条包括碳纤维原丝、碳纤维、碳纤维制品等完整的研发、生产、销售、质量反馈的产业链，通过碳化、制品应用为原丝质量提高提供了保证。该项目主要创新点:

1. 自主研发出无机氧化还原三元水相悬浮聚合生产原丝用聚合物技术。该项目采用国内首创水相悬浮聚合法生产聚合物，反应在水相中进行，传热好，聚合速率快，克服了聚合后期粘度增大导致换热、脱单困难等，已建成年产 10000 吨聚合釜（28m³），并且已经掌握该技术单釜可放大到 40m³（15000 吨／年），适宜大规模工业化生产、产品质量稳定，是国内唯一自主研发的大规模、低成本的生产企业。

2. 自主研发出一种生产 PAN 原丝聚合物的不含任何金属离子的聚合引发体系。该项目研发了一种不含任何金属离子（过硫酸铵、亚硫酸氢铵）的无机氧化还原引发体系，大大提高了聚合物纯度。由于聚合反应在水相中进行，聚合后产物为聚合物淤浆，在烘干前可通过多次水洗去除由机械设备带来的杂质和金属离子。

3. 自主研发出以二甲基乙酰胺（DMAC）为溶剂、湿法二步法生产 PAN 基碳纤维原丝工业化生产技术。该项目以 DMAC 为溶剂，湿法二步法生产碳纤维原丝，通过真空脱泡、低温制胶、精密过滤技术，解决了固含量低、气泡多、杂质多的问题。DMAC 价格仅为 DMSO 的 2/3，价格低廉，回收简单，对设备要求低。吉林碳谷碳纤维公司已完全掌握了 DMAC 回收提纯技术。由于溶剂可重复使用，此新技术大大降低了生产成本。

4. 研发出 PAN 基碳纤维碳化工业技术。原丝碳化属设备主导型工艺，研发的碳纤维生产线，氧化炉采用垂直送风方式，氧化效率高。高低温碳化炉为石墨碳化炉，加热元件四周笼式布置，提高了炉温均匀性。驱动系统为无挤压多辊驱动，减少了产品的机械损伤。

5. 开发出碳纤维制品工业技术。该项目已推出五种款式 15 种型号的碳纤维自行车，产品已推向市场，受到广大用户的好评。

该项目打破了发达国家在该技术和产业领域对我国的严格封锁，使吉林化纤成为国内最大的碳纤维原丝生产基地，对推动我国碳纤维产业的可持续发展、纺织行业技术创新与产品升级起到了示范和推动作用。

千吨级纯壳聚糖纤维产业化及应用关键技术

主要完成单位：海斯摩尔生物科技有限公司

生物质纤维是资源可持续发展的基本战略，壳聚糖纤维原料丰富、产品亲和、天然抗菌，成为国际广受关注的海洋生物质纤维主导品种。由于生产技术与装备总体水平较低，长期以来无法突破规模化与高品质化瓶颈，严重影响产业化与应用。

该项目在纯壳聚糖纤维百吨级生产基础上，研究多源虾、蟹壳的组成、微观结构、分子量与分布及酸碱作用机理，发明多地域的虾、蟹壳纺丝用壳聚糖高效提取与品质控制技术；深入研究壳聚糖脱乙酰化、黏度与溶解、降解机理，开发片状壳聚糖高剪切直接反应、快速溶解一体化技术，开发真空刮膜式脱泡装置与快速脱泡技术，制备可纺性良好的均质高黏度壳聚糖纺丝液；基于流变与纺丝成型机理，开发高压触变性流体挤出技术、平推流高温凝固技术。开发原液制备与气压紧凑输送技术，解决高黏度纺丝液的输送和控制难题；开发分区高密度大直径喷丝板，实现高效高密度挤出、均匀成形，全纺程调控纤维结构与强度；设计往复式逆流水洗装置和2000吨级中水回用系统，建立全球首

条高效节能千吨级纯壳聚糖纤维纺丝生产线，生产连续稳定、绿色清洁，纤维吸湿祛臭、吸附螯合、抑菌防霉，干断裂强度达到1.8cN/dtex以上，性能优良。开发纯壳聚糖纤维无卷曲、柔性梳理成条、低张力纺纱、活性染料染色与水刺、针刺及热风无纺布制造等技术，建立与拓展壳聚糖纤维混纺产业链；开发300多种内衣、服饰等系列产品，成功用于航天、医疗卫生、内衣服饰、军品、过滤防护等领域。

项目申报专利35项（含国际发明8项），授权发明专利4项，实用新型1项，形成自主知识产权体系，达到国际领先水平。该项目是生物质功能纤维工程技术的重大突破，有力提升了壳聚糖纤维的产业化进程与领军地位，为我国海洋生物质纤维的发展起到引领与示范作用。

半糊化节能环保上浆及浆料制造新技术

主要完成单位：天华企业发展（苏州）有限公司　西安工程大学

该项目进行了浆纱技术创新和取代PVA淀粉浆料生产关键技术研究。传统浆液要煮开并保温30min以上，浆槽温度要保持在92℃以上，能量消耗大。半糊化上浆技术（简称 PGST）是通过调浆桶中的糊化器，使浆液由完全糊化淀粉浆液、部分糊化淀粉浆液和未糊化淀粉颗粒构成的混合体系。未糊化的淀粉颗粒不可逆的大量吸水，达到原始体积的50-100倍，在烘房烘燥时完成糊化，糊化后的淀粉在浆纱表面形成良好的被覆。调浆过程中，调浆桶温度只需65℃，浆槽为常温，节约了热蒸汽。

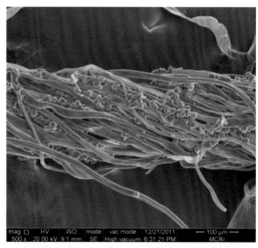

该项目同时采用化学作用（酯化、醚化、复合、接枝等）和物理场能作用（等离子、超声波及涡流效应等）对淀粉进行有效的控制及催化，使淀粉经深度复合改性，其性能恰好能满足织造要求的工艺性能。主要技术内容：

1. 系统研究了PGST理论和生产实践，包括PGST机理研究；PGST调浆桶制造、PGST浆液调制方法、典型品种PGST应用、建设了4条PGST示范线。

2. 以创新理念确定了变性淀粉浆料的研制目标，研究了取代PVA变性淀粉浆料的关键技术，系统测试了淀粉浆料的性能，在典型品种上完成了取代PVA浆纱实践。

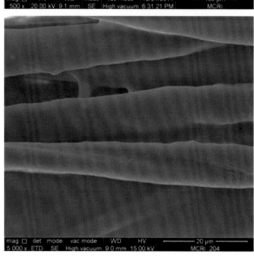

3. 建立了浆液在经纱中浸透状态的新检测方法，首次提出了利用扫描电镜研究浆液在经纱中的浸透状态检测方法，该方法在研究PGST上浆技术机理中发挥了重要作用，与传统测试方法相比，该方法精确度高，测试人员劳动量大幅下降。

该项目共申请专利8项，其中已授权发明专利2项、实用新型专利3项。所研制的浆料在纯棉、涤棉等各种纺织品上取代PVA；建成了4条半糊化浆纱技术生产示范线。采用半糊化上浆新技术和高性能变性淀粉浆料，对行业节能、减排、低碳、环保具有积极意义。

HP 全自动电脑横机关键技术研发及产业化

主要完成单位：宁波慈星股份有限公司

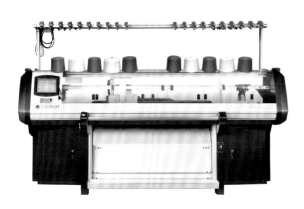

针织服装穿着舒适，并朝着外衣化、时装化和个性化方向发展。针织工业是当今国际纺织工业发展最快的领域之一，全球针织服装年消费量已超过200亿件，并保持年均16%的速度增长。近年来我国针织装备的进出口贸易量均占纺织装备贸易量的20%以上。全自动针织横机特别适用于羊绒等高档纤维，多色、多组织结合的复杂花型以及免裁剪成形衣片的编织，只需少量缝合，制成的成衣穿着舒适、时尚，是其他各类针织机械所无法替代的。

该项目在传统的纺织装备技术进步中率先取得重大突破，有效打破了发达国家的技术垄断，开发的全自动针织横机综合性能达到国际先进水平。

该项目主要技术内容：

1. 发明了以计算机控制、步进电机驱动的集成式多轨道度目三角为核心的高速编织成圈机构，率先提出并实现了织针定向导入方法，有效降低机械冲击，适应高速多变的走针方式，编织速度达到国际先进水平。

2. 率先提出并实现了程控变轨迹柔性按压的沉降片驱动技术，采用自主发明的柔性按压沉降片控制装置，能根据不同编织组织设定相应的按压轨迹和按压力度，有效提高了编织成圈的稳定性和织物品质，其复杂花型的编织能力达到国际先进水平。

3. 自主设计了基于多处理器的嵌入式智能控制系统，采用多传感器信息融合、基于专家系统的多任务协调控制技术，对编织过程进行实时精确的协调控制，提高了控制系统与机械的融合度，非常适合多系统、大幅宽和高速编织的高端横机控制，其性能优于国内外同类系统。

4. 提出并实现了针织物模拟和针织物组织自动识别技术，设计者在设计时能实时地看到所设计织物的真实感效果图，花型设计系统能对输入的织物图像进行自动处理，直接生成花型文件，大大提高了设计效率。

通过以上创新，全面突破了全自动针织横机的关键技术，构建了具有自主知识产权的全自动针织横机核心技术体系，已获得授权发明专利6项，软件著作权2项。该项目产品已投入批量生产，形成较大的市场规模。该项目成果的推广应用，将极大地推动针织行业的技术进步。

XJ128 快速棉纤维性能测试仪

主要完成单位：陕西长岭纺织机电科技有限公司

　　该仪器的研制是集光、机、电、气、计算机及网络技术等为一体，能够测试棉纤维的长度、强度、马克隆值、色泽、杂质等性能指标，整机系统复杂，自动化程度高，可靠性要求高。

　　棉花是关系国计民生的战略物资，是纺织行业的主要原料。棉花质量的优劣对棉花交易和纺织企业的应用至关重要。长期以来，我国棉花质量检验主要靠感官目测或使用一些简陋的仪器，检验速度慢、取样量小、检验结果一致性差，缺乏科学性和客观性，难以满足棉花流通领域公正交易和纺织企业科学用棉的需要。国际上，棉花质量评价已趋于采用仪器进行逐包检验，使用一种称作HVI（High Volume Inspection）的机器对棉花的的各项性能进行全面检验。这种仪器测试速度快，取样量大，测试结果一致性好，但这种仪器技术先进，核心技术被美国、瑞士等国家所掌握，我国在这方面缺乏研究。进入21世纪以来，我国开始实施棉花质量检验体制改革，逐步推行仪器化公证检验，测试仪器只能从国外进口。

　　该项目利用自身多年在精密纺织测试仪器方面开发的经验，在国内率先研制国产HVI，并向国家质量监督检验检疫总局申请立项。"XJ128快速棉纤维性能测试仪"型号名称是由中国纤维检验局颁发的。在国家质检总局的协调和中国纤维检验局的指技术导下，根据我国棉花质量检验体制改革的要求，运用现代电子技术和计算机技术发展的新成果，自行研制这种棉花纤维性能综合测试仪器并申请多项国家专利。这一仪器的成功开发，填补了国内空白，打破了国际垄断，为国家节约大量外汇，将我国棉检仪器的设计制造技术往前推进了一大步。

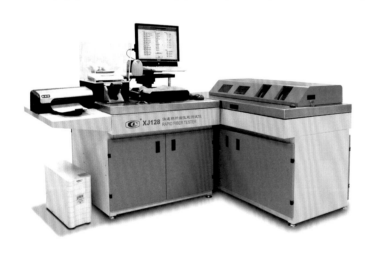

　　目前，XJ128快速棉纤维性能测试仪已通过国家质检总局组织的鉴定，列入我国棉花质量检验体制改革仪器采购计划，并从2010年开始逐步在全国棉花公证检验实验室装备。同时国内一些大中型纺织企业也开始采购使用，检验原料性能，进行科学配棉。还有纺织高等院校、科研院所，用于教学、实验、棉花育种研究等。

熔融纺丝法聚偏氟乙烯中空纤维膜制备关键技术及其产业化应用

主要完成单位：天津工业大学、天津膜天膜科技股份有限公司、天津创业环保集团股份有限公司

中空纤维膜技术是污水资源化和水处理的核心技术。开发适用于城市供水和污水处理等的高强度、大通量和抗污染的新型中空纤维膜产品具有战略意义。

该项目首次提出中空纤维膜多重孔结构的设计、构建、重组及优化理论，发明了双螺杆挤出熔融纺丝－拉伸界面致孔技术，以聚偏氟乙烯（PVDF）为基质相，以与基质相部分相容或不相容的聚合物、纳米－亚微米级无机物、低分子有机物等组成的界面成孔剂为分散相，研究了多相成膜体系熔融状态下基质相与分散相以及各组分之间的物理、化学作用及结构演变，通过设计和调控纺丝制膜过程中的多重孔结构、引入耐热性亲水组分及设计专用纺丝组件、改进装备等，结合同质修饰技术，开发出具有多重孔结构特征、兼具熔融纺丝法高强度和溶液纺丝法高分离精度及抗污染的新一代PVDF中空纤维膜产品。

该项目与常规溶液纺丝法和热致相分离法相比，开发的双螺杆挤出熔融纺丝－拉伸界面致孔技术无需大量有机溶剂或稀释剂、萃取剂等，有利环保，技术产品属原创性成果，达到国际领先水平。已获授权发明专利20项（含新加坡1项），发表学术论文42篇（其中SCI收录26篇、EI收录13篇），开发的"熔融纺丝法高性能聚偏氟乙烯中空纤维膜TPVDF-HF"等3项技术产品被列为国家重点新产品，"中空纤维超／微滤膜系列组件"等2项技术产品被列为天津市自主创新产品，相关技术也成功用于研制其它新型聚全氟乙丙烯、超高分子量聚乙烯、聚氯乙烯和增强型中空纤维膜等。

K3501C 系列高效节能直捻机

主要完成单位：宜昌经纬纺机有限公司

K3501C 系列高效节能直捻机属产业用纺织品装备，用于将两股长丝直接进行合股捻成帘子线，供后道工序使用，织成帘子布或用于运输带、传动带、缆绳、防刺防弹织物、土工织物等。

该项目研制的高效节能外纱张力智能控制系统，既保持了直捻机的高速加捻，又实现了综合节能 20 ～ 40% 的效果，具有功耗少、发热低、噪音小等优点；采用基于单锭通讯的全数字控制方式，闭环精确控制每锭实时状态，触摸屏显示单锭实时信息、设定相关工艺参数，具备断纱自停、满管输送等功能，可实现远程在线监控；具有失电停车捻线工艺控制功能，避免意外断电造成的断纱损失；研发的高速捻线器加捻张力更小，从而使股线强力损失更少；研制的永磁内纱张力器和电磁外纱张力器，保持了内、外纱在加捻中张力一致性，定长精度达到 5‰ 以内；研制的主轴直驱电锭技术，将电机主轴直接作为锭杆，无需任何中间传动，保持了全机锭子转速和捻度的一致性，节省了能耗；具有气动穿纱、纱架气动升降功能，减轻了操作工劳动强度。

该项目申报专利 15 项，其中发明 8 项、实用新型专利 7 项；授权专利 8 项，其中发明专利 3 项、实用新型专利 5 项。

目前 K3501C 高效节能直捻机已销往国内外多家客户，实现销售 150 多台、对市场原有的直捻机进行节能改造 100 多台。设备运行稳定，产品达到轮胎帘子线各项捻线指标，特别是优异的节能性能得到客户一致好评。

该项目的研发，为轮胎帘子布生产企业可提供高效、节能、高质量的生产设备，节约能耗、节省投资、代替进口，为产业节能减排和结构转型提供了优良装备。

高模量芳纶纤维产业化关键技术及其成套装备研发

主要完成单位： 河北硅谷化工有限公司、东华大学、国网冀北电力有限公司、
国网冀北电力有限公司电力科学研究院

芳纶包括对位芳纶和间位芳纶，对位芳纶是三大高性能纤维之一，是不可或缺的重要战略物资。因其具有高强度、高模量、高耐热性、抗冲击性等优点，广泛应用于国防建设、航空航天、经济建设和科技进步。对位芳纶，特别是高模量芳纶生产技术难度大，未能国产化，仍然依赖进口，严重威胁国家安全。在国家"973"项目支持下，该项目系统研究芳纶纤维制备过程的关键科学问题，攻克了一系列关键技术和关键设备，并研发了成套生产装备，实现了芳纶纤维、特别是高模量芳纶纤维的产业化。

主要创新点：

1. 系统研究了PPTA树脂制备的关键科学技术问题。高分子量PPTA（聚对苯二甲酰对苯二胺）树脂的制备是芳纶国产化的"瓶颈"之一，该项目以国产单体为原料，建立了年产1000吨连续聚合生产线，实现了超高分子量PPTA树脂的国产化，生产和质量稳定，比浓对数黏度达到9.2dl/g（国内外一般水平6.5dl/g）。

2. 系统研究了高粘度液晶纺丝及其高模量化的关键科学技术问题。超高分子量PPTA液晶流体粘度高，纺丝困难，该项目攻克了溶解、脱泡、过滤等技术难题，研发了用超临界二氧化碳辅助调控芳纶凝聚态结构和热处理高模量化的方法。建立了年产1000吨对位芳纶生产线，实现高模量芳纶国产化，生产和质量稳定。产品强度21.6cN/dtex，模量794cN/dtex。

3. 研发了PPTA连续制备、溶剂回收、液晶纺丝及高模量化等关键单元设备，并进行系统集成，结合自动化控制技术，设计制造了年产1000吨的生产线，自主研发成功了对位芳纶成套生产装备。

4. 针对高压电网导线在大风中共振"舞动"造成电网事故的世界难题，以及我国超高压电网建设的迫切需求，在国际上率先提出用柔性间隔棒防止"舞动"新方法，研制了专用的芳纶纤维，攻克了柔性间隔棒的设计制造和检测等一系列关键技术，成功开发了芳纶纤维增强柔性间隔棒，建立年产5万件生产线，产品应用于多家电网，事故率大大下降，正在大规模推广应用。

该项目芳纶制备整体技术处于国际先进水平，柔性间隔棒新产品处于国际领先水平。申请专利20件，其中授权6件，发表论文8篇。

对位芳纶纤维（特别是高模量芳纶）的国产化，满足了国防建设、航空航天、经济建设和科技进步等对战略材料的迫切需求，结束依靠进口的局面。成套生产装备的国产化对我国芳纶产业的大规模发展奠定了良好的基础。芳纶纤维增强柔性间隔棒新产品为国际超高压电网防"舞动"提供一种有效解决方案，对电网安全，减少经济损失，具有重要的意义。

特高支精梳纯棉单纺紧密纺纱线研发及产业化关键技术

主要完成单位：无锡长江精密纺织有限公司、江南大学

目前世界上棉纱支数呈现两极分布趋势，一方面高质量、高支纱的产品需求上升，高纱支比重持续提高、用于国际顶级服装品牌的面料；另一方面粗支纱产品如牛仔产品也受到青睐。现在生产100s以下的纱线，技术及工艺比较成熟，但特高支纱技术含量高，利润较好。我国的棉花资源和劳动力成本决定了常规纱线品种国际竞争力越来越低，棉纱线支数越高、技术难度越高，产品越高档，竞争对手少，附加值高，同时更能体现一个企业综合技术水平和管理水平。目前国内可以单纺技术生产200s以上的企业很少，300s以上基本都处于实验室和小样试验阶段，因而不断研发更细的支数是棉纺业努力追求的目标。

该项目主要技术内容：以自主知识产权在国产细纱机上改造超大牵伸机构和紧密纺装置；自创钢领润滑技术；自创纺纱段增强装置；同时研发了精密水雾捻接器、高精度数字电清、适应超高支纱络筒的槽筒等器材，实现了特高支精梳纯棉单纺紧密纺纱线的纺制。在国产纺纱设备上自主改造的超大牵伸机构及紧密纺装置，生产330s纱线的工艺及技术在国内外公开发表的文献中，未见相同报道。产品的开发成功填补了国内空白，工艺技术达到国际领先水平。项目已获3项发明专利，11项实用新型专利。发表论文3篇（SCI收录2篇）。

该项目已产业化、规模化生产特高支精梳纯棉单纺紧密纺单纱以及精梳纯棉单纺紧密纺股线，供国际一线品牌服装面料用纱线，经济效益显著。特高支纱线的开发大大增加了产品附加值、降低对原棉资源的依赖、减少产值能耗，为我国纺织产业的转型升级起到示范作用。也对纺织原料业、纺织设备和器材业提出了更高的要求，促进这些行业提高水平，缩小与国际先进水平的差距，提高了企业在国际纺织品贸易中的竞争力。

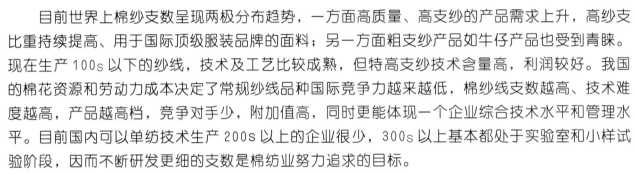

基于蛋白酶集成催化体系的羊毛高品质化加工及其产业化

主要完成单位：天津工业大学、天津市联宽生物科技有限公司、
大连圣海纺织有限公司、天津科技大学

羊毛是最早开发的天然纺织原料之一，羊毛制品具有光泽柔和、手感丰满而富有弹性、悬垂性良好等优点，但同时也存在易虫蛀、洗涤后毡缩变形、起毛起球等一些缺点。这些问题是全世界纺织专家一直以来致力于要解决的难题，而产生这些问题的主要原因是羊毛纤维表面的鳞片结构（富含二硫键）特征所致，因此以改性羊毛表面的鳞片结构为基础，在保持羊毛原有的光泽、手感、悬垂性等性能的前提下，使羊毛纤维具有优良防缩性能和抗起毛起球性能是高品质羊毛纤维的主要特征。目前进行羊毛防缩加工大部分采用氯化处理，以氯气或氯化物部分去除鳞片层。由于含氯物质会造成 AOX 等环境问题，因此该种处理方法已经在国际上被列入禁止使用的黑名单。

以能够打开羊毛纤维中二硫键交联的生物活化剂和纤维分解蛋白酶共同组成一种集成催化体系，使纤维活化与蛋白酶降解在同一浴中同步或者交替进行，从而强化蛋白酶作用于羊毛的效果，这种一浴一步完成的羊毛纤维蛋白酶改性方法是一种羊毛改性处理的新概念和新理论，不仅解决了目前蛋白酶改性羊毛纤维的效率和效果问题，而且是一种高效、无污染的绿色羊毛减量改性加工工艺。利用该工艺生产的羊毛制品具有优良的防缩、抗起毛起球、柔软、超薄等性能，项目整体技术达到国际先进水平。

该项目已经取得专利 2 项，发表国内外论文 20 余篇，培养硕士 5 名，并且首次实现了产业化的一浴一步法生物酶羊毛改性，在羊毛强力保持原毛 80% 以上的情况下，将羊毛表面的鳞片剥除，同时直径减小，获得丝光一样的效果，并成功纺织出具有优良防缩、抗起球、柔软的超薄纯毛织物，兼具优异的抗起毛起球性能。该项目不仅提高了现有羊毛的附加值，社会经济效益显著，同时生产过程符合环保要求，是替代氯化防缩加工的理想方法，对于提高我国毛纺织行业技术水平有积极的推动意义，应用前景十分广阔。

高强聚酯长丝胎基布产品及其装备开发

主要完成单位：大连华阳化纤科技有限公司、安国市中建无纺布有限公司

改性沥青防水卷材是目前国内外最重要、应用最广泛的新型防水材料，而聚酯长丝纺粘针刺胎基布是迄今为止国际公认的性能最佳的改性沥青防水卷材胎体。其所具备的高强力、高延伸率、热稳定、耐老化、抗蠕变、长寿命等特性，赋予了防水卷材优异的使用性能，能够大幅提高相关基本建筑工程的质量和使用寿命。但是由于我国聚酯纺粘技术的相对落后，不掌握聚酯长丝胎基布核心技术，其产品及其生产技术与装备一直被欧美等少数发达国家所垄断。因防水材料的技术性能而导致工程质量低、寿命短的问题成为一直困扰我国多领域基本建设工程的重大难题。

该项目针对聚酯长丝胎基布对强力、延伸率、热稳定性、纵横向强力比、均匀性等性能的特殊要求，在深入研究聚酯纺粘法纺丝动力学、气流牵伸作用下纤维取向结晶机理、工程控制原理等基础上，开发单箱体双模头高密度精密纺丝技术、纺程非晶结构可控的纤维冷却技术、纤维凝聚态结构可控的高效气流牵伸技术、结合气流扩散加机械打散双重分丝、高频大摆幅精密摆丝布丝的均匀成网技术、低针密高效针刺固结技术、以淀粉胶为粘合剂的浸胶整理技术等，并且通过集成整合及相互交叉关联作用，攻克了聚酯纺粘长丝高强力与高延伸率、高延伸率与低热收缩的矛盾、解决了布面克重均匀性、强力与延伸率均匀性、纵横向强力分布比例与均匀性控制等技术难题，最终成功开发了具有完全自主知识产权的高强聚酯胎基布全流程生产工艺技术，全部国产化的全套生产线装备（共计22台套）并且产品的整体性能全面超过国外同类产品。

该项目的成功研发及产业化推广，打破了发达国家的垄断，提升了我国防水材料的技术水平。与国际同类生产线相比较，项目具有生产建设投资小、生产成本低的双重巨大优势。特别是解决了困扰我国已久的因防水质量导致的基建工程质量低，寿命短的重大难题。该项目将推动我国防水卷材产业的产品升级换代及产业结构调整，推动我国防水行业的发展。

膜裂法聚四氟乙烯纤维制备产业化关键技术及应用

主要完成单位： 浙江理工大学、上海金由氟材料有限公司、
浙江格尔泰斯环保特材科技有限公司、总后勤部军需装备研究所、
西安工程大学、上海市凌桥环保设备厂有限公司

聚四氟乙烯（PTFE）纤维在高温烟尘净化中极具优势，但其生产无法采用常规溶液或熔融法纺丝，国内多用载体纺丝等制备，存在工艺流程长、强度低、二次污染、价格高等问题；而膜裂法纤维细度和性能难控的特点也是后续加工和应用的技术瓶颈。该项目从研究制膜、纤维加工参数与性能关系的理论着手，研发 PTFE 纤维用膜及长短纤生产工艺和设备，形成了从理论研究、工艺开发、设备研制到系列产品的完整创新体系。

主要技术内容：1. 发明了 PTFE 立体加工制膜新方法，通过多步加压、三维拉伸、定型等纤维用膜制备过程与原纤形成、原纤取向、结晶等理论关系研究，确立了原纤取向高、结晶度低、孔隙率低的纤维用膜生产工艺技术，为纤维和高效能滤材生产奠定了基础。2. 研发了梯度温控的非等速、变幅宽、多道拉伸、膜裂分纤等多项关键技术，解决 PTFE 纤维细度、均匀性、力学性能和热收缩性等控制难题，形成了 100-1200D 长丝和 1.2-12D 短纤等系列产品的成套生产技术。3. 自主研发了高剪切挤出口模、恒张力卷绕、长丝分切等长短丝生产成套装备，长期运行正常。4. 将含细旦 PTFE 纤维的针刺毡与 PTFE 微孔膜热压复合，研制了系列高性能梯度覆膜净化 PM2.5 滤料，突破了 PM2.5 阻隔分离和使用寿命等环保技术瓶颈。

该项目具有自主知识产权，总体技术达到国际先进水平。获中国专利 33 项（授权发明 18 项，实用新型 15 项），国际 PCT 专利 1 项，形成企业标准 5 项。"

在上海、浙江等建立了 PTFE 膜及纤维生产基地，建成长丝生产线 190 多台（套），产能达 2000t／年；短纤生产线 48 台（套），产能 2200t／年。产品获国家重点新产品 3 项，应用到燃煤热电、冶金、化工、垃圾焚烧等六十多家单位。PTFE 纤维及其高性能滤料的研制应用，引发了环保工艺及材料的升级换代，推动了化纤及产业用纺织品行业结构调整和优化升级，具有重大的社会意义和经济效益。

SYN 8 高温气流染色机

主要完成单位：立信染整机械（深圳）有限公司

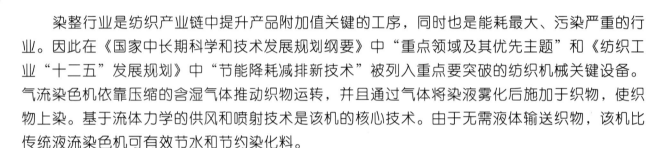

染整行业是纺织产业链中提升产品附加值关键的工序，同时也是能耗最大、污染严重的行业。因此在《国家中长期科学和技术发展规划纲要》中"重点领域及其优先主题"和《纺织工业"十二五"发展规划》中"节能降耗减排新技术"被列入重点要突破的纺织机械关键设备。气流染色机依靠压缩的含湿气体推动织物运转，并且通过气体将染液雾化后施加于织物，使织物上染。基于流体力学的供风和喷射技术是该机的核心技术。由于无需液体输送织物，该机比传统液流染色机可有效节水和节约染化料。

主要科技内容：1. 国际首创发明单管独立供风技术（已在国内外申请发明专利和实用新型专利），有效解决了分风管道造成的阻力大、各管分风不均、染色管差、染色管数受限等问题，显著降低能耗。2. 研发新型热循环系统，解决了缸内温差问题，适用织物范围更广。3. 研发染色过程智能动态控制技术，自动领航及综合智能水洗功能，实现超低浴比、水洗充分、染色周期短等，绿色环保、高效、高品质的染色。4. 研制新颖染液喷洒装置，提高了使用的灵活性，维修保养方便，染色的均匀度品质和效率得到提高。5. 研制多方向自动摇折出布机构及自动碎毛收集器等多项先进装置，明显降低操作劳动强度，改善工作环境，提高工作效率。6. 研究染色工艺、优化整机结构，实现气流染色机在节能减排、生产效率、生产灵活等方面的重大突破，科技成果通过鉴定达到国际领先的水平。

该产品关键技术及工艺的研制成功，节省行业整体能源消耗，降低对环境的损害和污染，实现染色机产品的更新换代。项目的实施，其经济、社会效益明显，推广应用前景广阔。SYN 8的成功研制，推动了国内印染设备技术创新，为印染行业提供更加优良的设备，提升了国内外印染行业的染色品质和产能，促进了印染企业生产和销售，实现了纺织工业科技进一步发展。

基于高动态响应的经编集成控制系统开发与应用

主要完成单位：江南大学

该项目主要研究高动态响应经编装备集成控制技术，研制高速集成控制系统，研究成果已经在高速电脑经编机和高速电脑多梳经编机上全面推广应用。

主要技术内容：

1. 高动态响应柔性横移技术：构建了经编横移运动动力学模型，设计了无冲击加速度电子凸轮曲线，采用DSP运动控制技术和基于FPGA的双FIFO动态缓冲技术，实现了高动态横移驱动的柔性响应要求。

2. 高精度随动多速送经技术：建立了经纱恒张力控制模型，采用了准闭环反馈技术和主轴脉冲细分倍频技术，实现了对单速恒定送纱量的稳态高精度控制和对多速变化送纱量的动态高响应控制，减轻了主轴速度切换时的织物横条疵点。

3. 高速率存取贾卡提花技术：采用了大容量flash闪存技术实现贾卡花型数据的静态存储，设计了基于动态RAM与贾卡驱动电路间的数据高速直传技术，解决了大容量动态花型数据的高速传输难题。

4. 高分辨扫描在线监测技术：采用了高分辨图像识别技术，开发了高速在线监测系统，建立了实时的动态织物疵点图像库，完成了基于神经网络算法的疵点快速判别。

该项目围绕高动态响应经编装备的集成控制技术，共获得中国发明专利授权3项、软件著作权登记1项，申请中国发明专利3项，发表学术论文22篇。

该项目基于高动态响应的经编集成控制系统具有响应速度快、运动精度高、机械冲击小的特点，同时具备在线监测、网络管理等功能，可以整体应用于1300转／分以上电脑少梳经编机和1000转／分以上电脑多梳经编机。已与国内主要经编机械制造厂进行了新装备整体配套，对50余家织造厂进行了旧设备技术升级。项目研究成果为高档经编装备的高速化和智能化提供了解决方案，提高了我国经编装备技术水平，增强了企业产品创新能力，推动了产业升级与技术进步。

低旦醋酸纤维制备关键技术及产业化

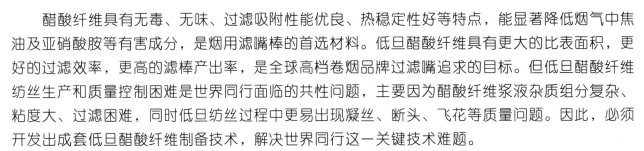

主要完成单位： 南通醋酸纤维有限公司、东华大学

醋酸纤维具有无毒、无味、过滤吸附性能优良、热稳定性好等特点，能显著降低烟气中焦油及亚硝酸胺等有害成分，是烟用滤嘴棒的首选材料。低旦醋酸纤维具有更大的比表面积，更好的过滤效率，更高的滤棒产出率，是全球高档卷烟品牌过滤嘴追求的目标。但低旦醋酸纤维纺丝生产和质量控制困难是世界同行面临的共性问题，主要因为醋酸纤维浆液杂质组分复杂、粘度大、过滤困难，同时低旦纺丝过程中更易出现凝丝、断头、飞花等质量问题。因此，必须开发出成套低旦醋酸纤维制备技术，解决世界同行这一关键技术难题。

该项目首创了预敷与掺浆相结合、预敷参数受控的微梯度复合过滤技术，实现不同种类、尺度杂质的高效过滤，提高低旦丝束可纺性；开发设计了新型纺丝甬道静压箱，提高气流流场分布均匀性，成功开发出新型喷丝帽，形成先进低旦醋酸纤维丝束纺丝工艺；研究设计了醋酸纤维丝束专用低模量化装置，开发了丝束卷曲前低模量处理工艺；首创精密控制上油喷嘴及双面上油技术，提高丝束外油控制的均匀性，降低了丝束飞花；采用化纤干纺组合式自控气流预热技术，实现多装置、跨区域能源平衡综合利用。

该项目共获授权专利34项，其中发明专利12项；发表论文58篇。低旦醋酸纤维制备关键技术及产业化达到国际同行领先水平，现已全面产业化，取得了显著的经济和社会效益。

该项目对提升醋酸纤维品质档次、节能减排等具有积极意义，对纺织行业的技术进步、产业升级及提升我国醋酸纤维工业在国际同行中的地位具有重要的示范和推动作用。

中国化纤流行趋势战略研究

主要完成单位：纺织化纤产品开发中心、中国化学纤维工业协会、东华大学

该项目是纺织发展战略研究、发布与推广领域的集成创新。

主要研究内容：通过面料、服装流行的趋势与纤维内涵关联性研究，首次提出纤维流行趋势的概念，确定了纤维流行趋势的特征与要素；通过经济、科技、环境、文化、生活观念等宏观环境对纤维流行趋势发展与影响机制的研究，确定流行主题与范围，建立了宏观环境对纤维流行趋势发展的影响因子数字化阵列；通过纤维原料市场、后道品牌应用企业、市场消费等信息的收集与处理，结合纤维流行趋势的技术先进性、产品性能功能科学性、市场认可度成熟度，建立纤维流行趋势的量化指标体系；通过对纤维流行趋势的相关品种流行要素的研究，建立纤维流行趋势发布的技术体系、应用体系；专业化与大众化相结合，确定推荐理由以及纤维流行内涵与范围，制作生动活泼的多媒体与文字发布稿，开创纤维流行趋势的传播与推广平台；建立大众传媒、互联网、权威专家、专业展会及品牌与宣传机构等对纤维流行趋势的协同系列传播体系，扩大与深化纤维流行趋势的宣传与解读，提升作用与影响力；通过运行与发布后相关数据收集，研究中国纤维流行趋势发布对化纤产业的定量、定性贡献，以及对品牌培育、标准化工作的贡献，建立纤维流行趋势发布贡献评价体系。

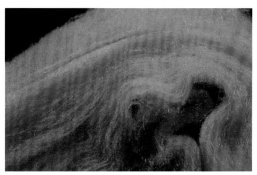

实施成效：1. 连续发布三届纤维流行趋势，并编订印发年度"中国纤维流行趋势报告"，将国内最新、最前沿、差异化程度最高的化纤新产品传递给下游制造企业，推动纤维原料品牌建设。2. 切实推动化纤企业与面料企业、终端制品品牌企业协同创新，建立新产品的开发、设计、应用、推广新模式，逐步形成纤维、面料与下游服装、家纺、产业用等领域的相互促进、全产业链协同创新格局。3. 促进新材料和终端应用，有效推进相关化纤新产品的市场销售。

棉织物低温快速连续练漂工艺技术

主要完成单位：山西彩佳印染有限公司、东华大学

该项新技术研发了高效分散、乳化、渗透、稳定的快速低温练漂助剂；在现有常规连续氧漂生产线上研究采用高给液等工艺技术，实现了棉织物的高效低温连续一浴一步法退煮漂工艺。

这项新技术改变了传统的练漂工艺路线：即"退浆、煮练、漂白三段工艺"；"退煮、漂白两段工艺"；"常规冷堆（12－24小时）工艺，"改为高效低温连续一浴一步法新工艺。较之常规冷堆工艺，该新技术堆置时间从12－24h减少为75－90min；较之常规两步法汽蒸工艺，使传统的练漂工艺温度由100℃降低到40℃，耗汽、耗水和化学品用量均减少50％以上，耗电量减少40％以上；该项目突破了传统冷堆工艺效率低和连续汽蒸工艺能耗高的弊病；练漂污水pH值由12降至7-8、COD总量降低60％以上。

由于自主研发了室温练漂剂和全棉织物平幅双氧水快速连续冷堆练漂新工艺：实现了连续快速、减少了能耗、降低了污染，实现了减排，达到了低碳。

主要创新点：1. 自主创新研发了高效分散、乳化、渗透、稳定的快速低温练漂助剂；2. 在现有常规连续氧漂生产线上研究采用高给液等工艺技术，实现了棉织物的高效低温连续一浴一步法退煮漂工艺。主要工艺特点：高效，较之常规冷堆工艺，该新技术堆置时间从12－24h减少为75－90min；堆置时间减少90％以上，该项目突破了传统冷堆工艺效率低的弊病；节能，将两步法汽蒸工艺的练漂温度由100℃降低到40℃，减少用汽为1.715吨／小时，耗汽、耗水和化学品用量均减少50％以上，耗电量减少40％以上，解决了连续汽蒸工艺能耗高的弊病；

环保，减排总体效果比较如下：化学品总量相对于冷堆工艺化学品总量由100g／L降到32.5g／L，其中烧碱由49g／L减少到11g／L。

该项技术实现了产业化大批量生产，工艺技术安全，技术成熟，有广阔的推广前景。代表性产品经检验，染色牢度达到质量要求，均为一等品，赢得了广大用户的满意，符合国内外客商要求。

细菌纤维素（BC）高效生产与制品开发

主要完成单位：东华大学、上海奕方农业科技股份有限公司、嘉兴学院

生物纳米纤维素纤维是由微生物在温和条件下通过代谢糖源，经体内合成的一种天然纳米纤维材料，又称细菌纤维素，其原料天然，合成过程温和、高效，最终产物环境友好，是最具竞争力的纳米纤维，也是国际重点关注的高科技材料。我国生物纳米纤维素纤维成本高，附加值低，无法满足高档食品、医用材料要求，亟待攻克原料资源拓展、连续稳定制备、品质控制、多功能修饰等关键技术瓶颈。

该项目将纳米纤维素纤维生物合成机理与生物工程相结合，发明了薄层透氧、连续喷淋准静态收集等工程化关键技术与装备，强化了氧、温度、粘度、组分等因素对纤维多重结构的有效调控，建立了高效连续低成本制备技术体系，大大提升了制备效率与品质。系统研究了魔芋、菊芋等低成本碳源的生物纳米纤维素纤维制备机理，发明了魔芋葡甘露聚糖、菊糖等稀酸水解及酶水解综合发酵技术，实现了低成本碳源与品质的统一；基于天然色素共轭双键及电负性与生物纳米纤维素纤维纳米级孔径及表面氢键相互作用，发明了酒精转移染色、微乳染色制备高色牢度的彩色椰果产品技术，攻克了传统彩色椰果容易掉色、串色难题；利用生物纳米纤维素纤维表面羟基原位还原纳米银，成功开发了生物纳米纤维素水凝胶敷料，降温贴及复合纳米银抗菌敷料；基于占位效应与器壁效应协同作用，发明了原位致孔技术，实现生物纳米纤维素材料孔径的调控，开发了生物纳米纤维素纤维敷料及植入可修复材料；发明了以生物纳米纤维素为模板的纳米无机颗粒可控生长机理，制备了传感元件、光催化纤维、光致变色膜、磁性膜等功能材料，为生物纳米纤维素在光电信息领域应用提供依据。

该项目新建年产1万吨生物纳米纤维素发酵与年产2万吨深加工生产线，生产连续稳定，发酵时间7-8天缩短至5天，得率达到12g/L，纳米纤维直径20-80nm，质量稳定；开发了椰果果酱、椰果饼干、椰果奶糖等膳食纤维素系列新产品，成功应用于国际知名的乳制品、饮料企业。项目形成了生物纳米纤维素纤维可控制备、原位复合、功能修饰及高品质产品开发集成技术体系，奠定了医用及功能纳米纤维素高附加值产品规模化制备及应用基础。获授权发明专利22项，实用新型专利8项，形成了完整的自主知识产权体系。项目创新性强，达到国际先进水平。

该项目为生物纳米纤维规模化、生态化制备提供了新的途径，实现了农副产品综合、高效、高附加值利用，为食品行业、功能材料、医用材料提供原料支撑，为我国椰果行业的技术进步与产业升级，起到引领与示范作用。

非织造布复合膜催化酯化制备生物柴油及甾醇提取集成技术

主要完成单位：天津工业大学、中粮天科生物工程（天津）有限公司

我国是油料生产大国，年产植物油3000万吨，在其精加工过程中产生数十万吨下脚料——植物油渣油，植物油渣油中富含甾醇、甾醇酯及维生素E等具有生理活性的物质以及脂肪酸、甘油酯等组分。

由于植物油渣油成份十分复杂，物理化学性能各异，传统的结晶、蒸馏等分离纯化技术无法实现其有利用价值组分的有效提取和分离，其主要技术难点为：1.脂肪酸等成份易与甾醇共析而严重影响甾醇产品纯度；2.脂肪酸转化为脂肪酸甲酯（即生物柴油）中使用传统硫酸催化工艺存在腐蚀设备、污染环境等问题。3.副产渣油中甾醇酯沸点高、易与甘油酯等共溶，导致甾醇酯难以分离和再提取。

针对植物渣油中甾醇提取的技术难点，在非织造布加工制备技术和膜催化制备技术优势，发明了适于脂肪酸制备生物柴油的非织造布／磺化聚醚砜复合催化膜及膜反应器。利用膜孔微反应器特性，通过贯通法成功地将传质与催化耦合，实现了由脂肪酸连续制备生物柴油。把该技术应用到甾醇提取工艺中，可将植物渣油中影响甾醇提取的脂肪酸高效催化酯化，转化为生物柴油。在此基础上，提出了非织造布复合膜反应器催化酯化—冷析结晶—分子蒸馏集成技术。该集成技术解决了甾醇结晶过程中甾醇与脂肪酸共析的难题，克服了传统催化工艺不足，实现了植物油渣油中甾醇提取及生物柴油制备的产业化。进一步，发明了从副产油渣中提取甾醇的工艺，实现了规模化生产，解决了长期困扰甾醇提取过程中副产渣油回收处理的难题。

该项目具有自主知识产权，整体技术达到国际先进水平，获授权专利6项，申请国际专利1项，参编专著2部，发表论文13篇。

该项目已成功应用于中粮天科生物工程有限公司，建成年处理植物油渣油7000吨生产线。该项目提升了我国产业用纺织品应用以及粮油深加工技术水平，实现了植物油脂废弃资源的高效利用，促进了产业结构优化，取得了显著经济和社会效益。

新型高档苎麻纺织加工关键技术及其产业化

主要完成单位：湖南华升集团公司、东华大学

该项目针对高品质苎麻纤维存在的加工技术含量低、产品品种单一、面料风格粗犷式等难题，采用育种新技术，培育出细度 2600Nm 以上、原麻含胶低至 22％、木质素含量在 1.5％ 的超细度高品质苎麻；攻克了"生物－化学同步脱胶"技术瓶颈，率先实现了苎麻节能高效产业化脱胶；针对苎麻纤维长度高倍离散的特性，发明了专用梳排式牵切制条装备，提高了麻条质量；设计开发小间距气流槽聚型苎麻长纤纺专用装备，为 100Nm 以上纯苎麻纱线制备提供装备保障；发明了自捻型喷气涡流纺空心锭，为高产化苎麻／棉混纺纱开发提供硬件保障；发明了细支苎麻纱上浆新技术及轻薄型苎麻织造防稀密路装置等，以满足轻薄型苎麻面料产业化生产；开发了苎麻织物专用抗刺痒和防皱助剂，显著改善苎麻面料刺痒感和抗皱回弹性，实现了轻薄型苎麻纺织面料加工关键技术的产业化。

该项目主要对高品质苎麻纤维培育、精细化苎麻纤维制备及高品质纺织染整技术、系列轻薄型苎麻纤维纺织品设计进行了系统研究，突破了高品质苎麻纤维纺织品加工过程的五大关键技术：超细苎麻纤维培育技术、苎麻纤维环境友好型精细化技术、高品质集聚纺与喷气涡流纺技术、苎麻面料高效织造技术、苎麻面料舒适性整理技术。申请各项专利 19 件，已获授权 16 件，其中发明专利国内 11 件、国外 3 件；主持或参与制订了苎麻行业标准 5 项。项目的整体技术达到国际领先水平。

该项目除在项目单位应用外，现已推广多家企业并实现了产业化，产品覆盖面由原来的主要基布面料拓展到床品、休闲装及高档车内装饰材料领域，得到了欧美、韩国、日本等国际一手买家的青睐，企业经济效益稳步提高。

项目的产业化实施极大地提升了苎麻纤维面料的高品质化，最大化地降低了加工过程对环境的压力，提升了具有中国特色的苎麻纤维面料的国际影响力，也有助于推动具有环境生态功能的苎麻种植业的可持续发展。

功能性篷盖材料制造技术及产业化

主要完成单位：江苏维凯科技股份有限公司、东华大学、上海申达科宝新材料有限公司、浙江明士达新材料有限公司

篷盖材料是集建筑学、结构力学、精细化工、材料科学与计算科学为一体的织物增强柔性复合材料，广泛应用于体育及商业公共设施、交通、军事、环境等国民经济各个领域，市场前景十分广阔。近几年应用领域不断扩大，很多产品需要在比较恶劣的环境中长期使用，绝大部分高性能篷盖材料被国外所垄断，因此新型功能性篷盖材料的研究开发变得尤其重要。

该项目主要围绕功能性篷盖材料制造及产业化的关键技术展开。攻克了 PTFE 膜结构材料增强体前处理、组织结构设计与加工、涂层材料的配方与优化、膜材与增强体复合加工关键技术，通过参数优化和 PLC 集成控制自主设计了高速、精密浸渍设备，形成了轻质高强自清洁 PTFE 膜结构材料全套生产技术；通过对 PTFE 涂层剂的深入研究，创新研发了具有环保节能功能的低温 PTFE 膜材整套生产技术，极大降低了轻质高强膜结构材料成本；解决了 PVC 膜材表面活化处理关键技术，形成全套长久抗老化 PVC 篷盖材料的涂层、压延复合加工技术；建立了高性能篷盖材料性能评价体系。这些关键技术问题的解决，使我国该类产品的性能达到或超过国外同类高端产品的性能，实现了产业用纺织品重大技术突破，使我国自主开发的高性能篷盖材料产品及其相关技术处于国际先进和领先水平。

项目实施中，已申请发明专利 7 项、已授权 3 项，已授权实用新型专利 13 项；参与制定了 2 项国家标准和 1 项行业标准；已发表国内外论文 11 篇，形成硕士学位论文 6 篇，并培养了一批研究生及中青年技术骨干；建立了功能性篷盖膜结构材料的 3 个示范基地，已建立生产能力 300 万 m^2／年轻质高强自清洁 PTFE 膜结构材料（包括低温 PTFE 膜材）生产线 2 条、800 万 m^2／年高性能抗老化 PVC 篷盖材料生产线 2 条。

该项目取得了较好的经济效益和社会效益，相关产品已成功地应用于军工、建筑、环保、矿山、能源等国家重大工程建设，对我国功能性篷盖材料的转型升级、减少对国外先进产品的依赖等方面起到示范作用，很好地提升了我国篷盖材料技术水平，成果具有广阔的发展前景。

干法纺聚酰亚胺纤维制备
关键技术及产业化

主要完成单位：东华大学、江苏奥神新材料股份有限公司、江苏奥神集团有限公司

聚酰亚胺（PI）纤维不仅具有较高的力学性能，而且耐化学腐蚀性、热氧化稳定性和耐辐射性能十分优越，在国家安全、航空航天和环境保护等领域具有广阔的应用前景。目前国内外生产 PI 纤维均采用湿法纺丝技术路线，该方法使用大量水与溶剂的混合物为凝固浴，存在生产流程长、溶剂回收能耗大等问题。该项目采用干法纺丝技术，建立了 PI 纤维的成形理论，实现了工艺及设备的技术集成，建成了国际上首条干法纺 PI 纤维 1000t/a 级生产线。主要创新点：

1. 在国际上首次提出干法纺丝成形"反应纺丝"新原理和新方法。揭示了前驱体纤维在干法纺丝成形过程中伴有部分环化反应的机理，建立了干法成形动力学模型及纤维凝聚态结构调控方法，为纤维生产工艺的确定和设备的成套化提供了理论基础；

2. 设计合成了适应于干法成形工艺的纺丝浆液。通过共聚等手段调控聚合物的分子结构，合成了高分子量、高均匀性、适应"反应纺丝"技术要求的纺丝浆液；

3. 发明了干法纺制备 PI 纤维原丝、环化－拉伸一体化等关键技术和工艺，实现了溶剂的高效回收。以"反应纺丝"为基础，确立了干法纺丝成形工艺，获得了原丝的稳定化制备关键技术，实现了环化－牵伸一体化后处理方法，大幅提高了生产效率；

4. 自主研发出国际上首套干法纺 PI 纤维生产设备，实现了聚合－均化－干法成形－集束－环化牵伸－热处理等工序间工艺与装备的同步协调。

该项目整体达到国际先进水平，其中"反应纺丝"技术处于国际领先水平。获得国家发明专利 26 项，发表论文 40 篇。该项目产品用作耐高温滤材，对治理因燃煤、水泥生产、垃圾焚烧等工业所产生的 PM10 和 PM2.5 等大气污染发挥了重要作用，已推广应用在水泥、电力、钢铁等高温滤料和特种防护领域。耐热型 PI 纤维的成功产业化，不仅打破了国外产品的垄断，而且以明显的技术水平和成本优势参与国际竞争，推动我国高性能纤维的跨越式发展。

宽幅高强非织造土工合成材料关键制备技术及装备产业化

主要完成单位： 江苏迎阳无纺机械有限公司、天津工大纺织助剂有限公司、南通大学、山东宏祥新材料股份有限公司

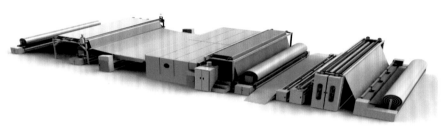

非织造土工合成材料，主要包括短纤针刺和长丝纺粘针刺非织造土工布，其特有的曲径式三维网络状结构赋予其独特的性能，在国际上得到快速发展。长丝纺粘针刺非织造土工布中长丝的存在赋予其极高的强度，但其产品均匀性及致密性较差，生产装备成本高；短纤针刺土工布具有密度高、隔离过滤性能好、抗形变能力大等不可取代的优势，适用领域更广泛，但其产品强度偏低，且现有国产装备生产效率较低、幅宽窄，很大程度上影响了土工材料的使用效果。因此，宽幅高强非织造土工合成材料工艺技术与装备开发是我国产业用纺织品行业亟待解决的关键问题，意义重大而深远。

该项目以短纤针刺非织造土工材料的宽幅化、高强化和生产装备高效化为目标，首次提出以超长短纤维为原料，围绕其开松、梳理、成网和宽幅高速针刺等技术难点着手，在针刺非织造土工合成材料工艺及装备诸方面开展研究，实现了国产短纤针刺土工布生产技术及装备水平的重大突破。攻克了超长短纤维梳理与宽幅均匀成网技术难题，研制了新型的喂入和梳理装置：通过气流振动和机械摆动双重耦合作用，实现了150mm超长短纤维的可控沉积和高效梳理，解决了超长短纤维在梳理过程中易断、易缠辊的难题；采用8段速精确控制往复铺网技术，实现了宽幅土工材料均匀成网。优化了纤维开松和梳理装置，设计开发出新型气流振动给棉装置和大直径锡林梳理机。借助三维仿真技术，建立了宽幅针刺机模型，基于主体结构的旋转运动和针板系统的高速往复直线运动仿真结果，发明了双轴结构偏心轮系统的宽幅高速针刺技术，解决了宽幅针刺高速运转的动平衡问题；采用PLC数字化电气集成控制系统，建成国内首条集开松、梳理、铺网、高速针刺机组、牵伸、热定型、卷绕、分切等为一体的同步协调8.5m宽幅非织造土工合成材料生产线，实现了宽幅高强非织造土工合成材料的高效生产。项目技术达到国际先进水平。

该项目申请国家发明专利7项，其中授权3项，授权实用新型专利13项；制定纺织机械行业标准1项。该项目实施显著提升了我国非织造土工合成材料技术和装备水平，拓展了土工合成材料应用领域，为我国产业用纺织品行业的结构调整、转型升级作出了积极贡献。

疏水性中空纤维膜制备关键技术及应用

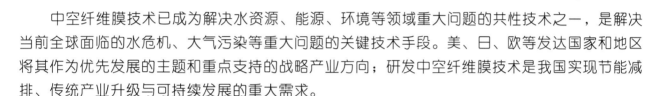

主要完成单位：天津工业大学、天津海之凰科技股份有限公司、天津科技大学

中空纤维膜技术已成为解决水资源、能源、环境等领域重大问题的共性技术之一，是解决当前全球面临的水危机、大气污染等重大问题的关键技术手段。美、日、欧等发达国家和地区将其作为优先发展的主题和重点支持的战略产业方向；研发中空纤维膜技术是我国实现节能减排、传统产业升级与可持续发展的重大需求。

疏水性中空纤维膜的微孔及表面疏水，不易被水浸润、透过，以其为分离介质膜蒸馏过程呈现"透气不透水"特性，成为水中易挥发组分提取、医药和食品等行业温敏物质纯化浓缩的首选技术，可实现化工产品、海水、工业废水等的高度浓缩。

采用传统制膜方法难以得到高性能疏水膜，而等离子体、化学接枝等方法难以满足疏水膜规模化稳定制备的需要。该项目借鉴仿生学原理，拓展了溶液相分离成膜机理的成核生长控制理论，发明了稀溶液涂覆－相分离同质复合方法，在传统中空纤维疏水膜表面构筑具有微－纳米双结构微突的类荷叶超疏水微结构，使疏水膜表面纯水接触角从 84° 提升到 163°，膜蒸馏通量提升 1 倍以上，为疏水性中空纤维复合膜可控制备与规模化提供技术支撑。

在此基础上，发明了膜蒸馏－换热一体式膜组件和多效膜蒸馏过程，显著提升过程能量效率，工程运行综合造水比达到 5 以上。基于两相流原理发明了蒸发界面原位强化方法，显著提升蒸发速率、能量效率，同步解决浓差极化与污染问题；膜蒸馏通量可提升 100%。发明了以膜蒸馏为核心的膜集成废水高收率处理方法，使工业循环水等工业废水的回收率从 50% 提升到 85% 以上。该项目具有自主知识产权，授权专利 12 项，公开发明专利 9 项，申请国际发明专利 1 项，发表论文 20 余篇。

经纱泡沫上浆关键技术研发及产业化应用

主要完成单位：鲁泰纺织股份有限公司、江南大学、武汉纺织大学、常州市润力助剂有限公司、宜兴市军达浆料科技有限公司

该项目创新性地对经纱泡沫上浆技术进行系统研究并实现产业化应用。在保证浆纱质量和织造效率的前提下，经纱泡沫上浆技术可显著降低浆纱过程中浆料用量和蒸汽能耗，使得织物后加工容易退浆而减少退浆用水量和污水排放，实现浆纱工序的资源节约和低耗减排。主要技术内容：

1. 经纱泡沫上浆系统的研发：在研究泡沫上浆理论与工艺的基础上，改造了传统经纱上浆设备，研发了浆液发泡装置与泡沫上浆设备，满足了泡沫上浆过程中浆泡恒定供给、泡沫均匀施布和浆纱均匀被覆的浆纱要求，率先实现了经纱泡沫上浆技术的产业化应用。

2. 泡沫上浆发泡原液的制备：包括发泡助剂优选、发泡参数优化、高性能淀粉浆料研发和浆料配方优化，所制备的发泡原液及其发泡泡沫满足了经纱上浆的要求。

3. 经纱泡沫上浆工艺的研究：包括浆纱工艺参数优化、经纱上浆前的预处理以及预处理与泡沫上浆工艺的协同，确保经纱上浆质量，满足后道加工要求。

该项目已获得授权发明专利 6 件、实用新型专利 2 件。已在国内学术刊物上发表相关论文 3 篇。

该项目对于色织 50 支以下单纱和 100 支以下股线品种，在保证浆纱质量以及织造效率的前提下，可降低经纱上浆率 2 个百分点，节约浆料 26.9%，节约标准煤 21.6%，退浆工序退浆助剂用量减少 34.4%，用水量减少 25.4%，退浆废水处理费用减少 10.6%。

该项目围绕经纱泡沫上浆关键技术进行了系统的创新研究，促进了经纱上浆和退浆生产的低耗、节能和减排，推动了经纱上浆技术的进步，对加快纺织加工技术的转型升级，推动绿色低碳生产具有积极意义。

HYQ 系列数控多功能圆纬无缝成型机

主要完成单位：东台恒舜数控精密机械科技有限公司、浙江理工大学、杭州旭仁纺织机械有限公司

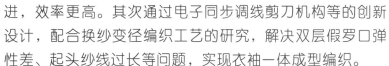

针织无缝一体成型技术是纺织行业发展规划高端纺织装备科技攻关及重点项目之一。该项目针对人们对针织服装产品的个性化、服饰多样性和穿着舒适性以及高效生产的需求，通过产学研合作，对针织装备的功能进行集成，对针织编织机构进行创新设计，对分布式多点位协同多轴同步控制技术进行自主研发，成功开发了具有完全自主知识产权、适合国内市场、具有国际领先水平的数控多功能圆纬无缝成型机，产品已完全替代了进口产品，对提高我国高档针织装备技术水平和产品竞争力具有重要意义。

该项目产品的最主要特点是结合电脑横机和电脑圆机的工艺，采用具有完全自主知识产权的提花和三角复合选针方式，针筒采用提花结构而针盘则通过三角轨道，实现双向移圈，电脑数控双面编织，与现有无缝内衣机相比，可双面编织完成真罗纹组织编织。机械结构简单，功能更齐全，性能更先进，效率更高。其次通过电子同步调线剪刀机构等的创新设计，配合换纱变径编织工艺的研究，解决双层假罗口弹性差、起头纱线过长等问题，实现衣袖一体成型编织。

该项目是集棉毛机、罗纹机、提花机、移圈机编织生产四位一体的无缝成型机，适用于棉、毛、化纤等织物的编织，能够编织双面无缝多色提花、单双面混合移圈提花、电子调线（彩条），以及上述组织的复合组织织物，适合生产无缝毛衣、内衣、内裤、泳衣、T恤、外套、长裤等针织类产品。获国家发明专利5项、实用新型专利39项、软件著作权2项，发表相关论文5篇，项目产品已在全国推广应用，经济效益和社会效益显著。

纯棉超细高密弹力色织面料关键技术研发及产业化

主要完成单位：江苏联发纺织股份有限公司、东华大学

该项目主要技术内容：

1. 优选原棉品级和关键设备元件，优化前纺工艺；采用导流板型集聚赛络纺技术，设计双槽式导流板装置，对导元件、装备与工艺进行优化，稳定生产出360S/2集聚赛络纺纱线。

2. 采用集聚赛络纺双股线同向（Z-Z捻）并捻工艺，有效解决了360S/2强力低、360S/2/2股线捻合效率低、捻缩大等问题，稳定生产出360S/2/2股线。

3. 研究了超细筒子纱高效染色前处理助剂和特殊处理体系，采用控制温变速率等手段，应用特深染色摩擦牢度控制技术，在保障360S/2/2股线的强力损伤较低的同时，保证了色股线颜色的广谱、鲜艳和耐久。

4. 研制了超高纯棉弹力纱表面处理的专用改性剂，采用高渗透、低粘度、高浓度组合配浆方案，应用低温、高压、中速等上浆工艺，使浆纱上浆率达到15-16%，增强率达22～24%。

5. 系统研究并优选了织造工艺参数。采用小开口高度、深后梭口、等高低后梁、中上机张力、低纬纱张力以及双面上蜡等工艺措施，使织造过程顺利，断头少，生产效率近80%。

6. 系统研究超细色织坯布应用超松弛练漂、丝光技术和液氨潮态交联免烫整理技术等，令360S/2/2色股线面料轻柔、滑爽、丝光亮泽，弹性高，舒适性强，断裂伸长率高达25%以上。

该项目已申请专利13项：授权发明8项，授权实用新型2项；授权软件著作权2项；参与制定国家和行业标准1项；获专利和优秀新产品金奖各1项。

通过对纯棉超细弹力色织系列面料在纺纱、织造、染色、整理等方面进行集成技术攻关并产业化，形成集聚赛络式应力纺纱、超细筒子纱染色低损伤前处理、高支高密柔性织造和生态蓄积式组合整理等具有自主知识产权的核心技术，推动了纯棉超细弹力色织系列面料规模化生产，可显著提高企业的平均纱线支数，提高吨纤维经济效益。

粗细联合智能全自动粗纱机系统

主要完成单位：青岛环球集团股份有限公司

该项目取得了多项关键技术突破：

1. 具备纱管颜色识别功能，每个品种的粗纱分配给一种纱管颜色，通过检测纱管颜色确定粗纱品种，运行过程中当纱管颜色不符合要求时，可实现在线更换。

2. 该系统可选用射频识别技术进行品种识别和确认，实现更好的产品质量追溯性，可满足纺纱厂多品种生产的实际需求。

3. 多台粗纱机可共用一个智能纱库，多个纱库之间可互相调用。智能纱库具有多品种识别系统，解决了不同粗纱品种混淆的问题，有效解决了多品种生产的问题。多个纱库集体联网控制，用模块化程序控制，采用PLC、现场总线技术、联网通信系统，实时监控粗纱的供需情况。

4. 应用物联网技术实现工序间物流、信息流充分融合，可使系统内的任一台粗纱机和细纱机的有效匹配，满足了纺织厂的信息化要求。

该项目整体技术达到国际先进水平，其中尾纱在线清除、纱管筛选系统、品种识别系统等技术达到了国际领先水平。已申请国家发明专利12项（其中已获授权7项），发表论文两篇。

该项目研发、生产了的粗细联合智能全自动粗纱机系统，设备性能指标达到和超过国外同类产品标准，并已成功进入国内外市场，用户包括天虹集团、咸纺、孚日等国内知名纺织公司，成为世界上四大全自动落纱系统供应商之一，实现了粗细联合智能全自动粗纱机系统走向国际的关键性突破。

粗细联合智能全自动粗纱机系统的推广应用可以大大缓解和解决纺纱厂的用工问题，使工人的劳动强度降到最低。粗细联的产业化对全面提升我国纺纱机械装备的制造水平具有重要意义，最大程度减少了对国外设备的依赖，对扩大内需提升产业水平具有重要意义。

高品质纯壳聚糖纤维与非织造制品产业化关键技术

主要完成单位：海斯摩尔生物科技有限公司、东华大学

壳聚糖纤维是海洋生物基纤维的主导品种，也是我国最早实现规模化生产的优势品种，具有优异的生物相容性、安全性、广谱抑菌性和吸附螯合性能，是新一代多种生物活性医卫材料。壳聚糖纤维发展面临超高脱乙酰度壳聚糖原料系列化、高品质速效抑菌纤维系列化、纯壳聚糖纤维的纯纺和混纺非织造布应用专业化等重大瓶颈。

该项目在千吨级壳聚糖纤维产业化基础上，针对医卫材料快速质子化、速效抑菌等要求，系统研究壳聚糖提取与纯化原理，开发"三酸四碱"工艺与专用装备，研制超高脱乙酰度壳聚糖生产关键技术，成功实现工业、食品、医疗全系列壳聚糖原料高效提取及综合利用；研究超高脱乙酰度壳聚糖溶解与纺丝动力学，提升纺丝技术，显著提高纤维强度与均匀性，研制在线活化高纯度壳聚糖纤维制备技术，达到国家一次性卫生用品速效抑菌的标准；研究壳聚糖纤维与水作用机理，

建立壳聚糖纤维与混纺纤维分区调湿的定点水份管理系统，研制开松混合、组合铺网、热风与同点异温压轧联用等关键工艺和装备，解决了无卷曲、高脆性壳聚糖纤维非织造加工成形难题，首次实现壳聚糖纤维纯纺与混纺非织造布产业化。该项目技术达到国际领先水平。

该项目有效提升了超高脱乙酰度壳聚糖提取、纤维高品质化制备水平，实现了系列化壳聚糖纤维及速效纯壳聚糖纤维纯纺与混纺非织造布规模化生产，广泛应用于止血海绵、高端敷料、面膜、卫生巾、纸尿裤等领域。形成了原料提取、纺丝、非织造制备及产品开发集成技术和自主知识产权体系，申请专利50项：其中国际发明专利18项，已授权5项；申请中国发明专利6项；实用新型和外观专利26项，已授权18项。

该项目打通了超高脱乙酰度壳聚糖原料到终端产品的全产业链，开创了面向大健康产业的基础功能材料、关键技术和深度服务的推广模式，巩固了我国壳聚糖纤维及制品的国际领军地位，有效发挥了生物基纤维创新驱动发展的应用示范作用。

高品质聚酰胺6纤维高效率低能耗
智能化生产关键技术

主要完成单位：义乌华鼎锦纶股份有限公司、广东新会美达锦纶股份有限公司、
北京三联虹普新合纤技术服务股份有限公司、东华大学

该项目围绕锦纶行业转型升级与提质增效的迫切需求，突破了PA6纤维高效节能减排生产与高品质功能性新产品开发方面的关键技术"瓶颈"，形成了以下四个技术创新点：

1. PA6高效均匀熔融和稳定纺丝关键技术。研制了螺杆高频电磁感应加热、高密封单组份双腔组件、低温纺丝加工工艺等技术，极大提升了PA6的熔融效率与挤出稳定性。

2. 24头平行纺丝与卷绕成型关键技术。针对单线多纺位、单纺位多头高效纺丝难题，开发了24头丝束均匀冷却成形、POY高速稳定集成卷绕、FDY共辊双锭轴24头卷绕等规模化生产技术，侧吹风偏差率下降约1%，强度与伸长不匀率降低40%，单线产能提高2－3.6倍。

3. 高品质差别化功能性PA6纤维制备关键技术。将有机－无机纳米杂化和原位聚合技术引入到PA6功能纤维的制备中，发明了功能组分成盐处理与原位聚合、无定型纳米材料表面包覆与复配有机偶联剂表面杂化、高异形度喷丝板设计及异形纺丝等技术，成功开发了全消光、细旦、凉感、阻燃、抗菌等差别化功能性PA6纤维。

4. 可追溯PA6纤维智能化生产关键技术。设计开发了PA6切片智能化配送管理、大容量纺丝自动落筒和质量跟踪管理、高容积比智能化仓储管理等全流程智能化生产集成技术，送料、落筒、包装和仓储自动化生产，减少用工80人／万吨，实现了原料和产品信息全程可追溯性。

该项目形成了具有创新性和自主知识产权的高品质PA6纤维高效率低能耗智能化生产关键技术，整体技术达到国际先进水平。授权专利19项（其中国家发明专利11项），另申请国家发明专利13项；发表学术论文28篇，制定行业标准3项。项目建成单线288头大容量

多头纺PA6纤维生产线16条，开发了6大系列20余个品种的差别化功能性PA6纤维，分别在国内20余家企业得到推广，应用于运动休闲、安全防护和军需用纺织品等。

该项目具有显著创新性和应用示范性，引领聚酰胺行业的科技进步和高效节能减排生产，促进产品升级换代，推动智能制造在PA6行业的技术与装备应用。

附　录

国家科学技术奖纺织获奖项目统计表
（2009 年 —2015 年）

年 份	技术发明奖		科技进步奖		合 计
	一等奖	二等奖	一等奖	二等奖	
2009	0	3	1	2	6
2010	0	2	0	4	6
2011	0	0	0	3	3
2012	0	1	0	3	4
2013	0	0	0	3	3
2014	0	1	1	2	4
2015	0	0	0	2	2
小计	0	7	2	19	28

纺织科学技术奖获奖项目统计表

(2009 年 —2015 年)

年 份	授奖	一等奖	二等奖	三等奖
2009年	144	9	54	81
2010年	137	10	44	83
2011年	121	10	39	72
2012年	171	13	53	105
2013年	130	14	42	74
2014年	135	15	47	73
2015年	93	11	42	40
合计	931	82	321	528

天津工业大学科技成果转化中心

天津工业大学始终围绕我国尤其是区域经济社会发展和行业技术进步的需求，以"创新机制、集聚人才、突出特色、服务社会"为着眼点，积极采取创新科研机制、搭建科研平台、组建科研创新团队、

着眼产业对接等有力措施，在实践中探索出一条"政策+人才+平台+管理+产业化"的产学研之路，彰显了产学研办学特色，在推进科技创新、科技成果转移转化、人才培养、文化传承创新等方面做出了积极贡献。

学校长期坚持以特色创优势、以创新求发展的思路，目前已经形成了"先进纺织复合材料"、"膜分离技术"、"特种功能纤维与技术纺织品"、"纤维界面处理技术"、"机电设备集成制造"、"半导体照明与材料"、"工程电磁场与磁技术"、"电机系统及其智能控制"等八大特色科研优势，并且构建了以能源材料、生物技术、海洋化工、数字化纺织、功能服装、纳米材料与技术、生态与环境、新能源交通等方向为重点的支撑领域，确立了文化创意、物联网技术、循环经济、纺织经济、工业工程与管理、公共危机管理、应用法学、等新兴发展领域。多项科研成果应用于"神舟"系列飞船、"嫦娥奔月"工程、水处理技术、新材料开发等国家战略性新兴产业和国防高科技产业。